U0203239

计算机系列教材

钟辉 臧晗 董洁 宋凯 孟祥宇 高野 编著

TCP/IP 网络编程原理与技术

清华大学出版社
北京

内 容 简 介

Internet 是世界上最大的计算机互连网络，TCP/IP 是 Internet 上使用最为成熟的协议。本书重点介绍用 TCP/IP 进行编程的主要原理和编程环境，并举出实例来解释这些编程原理和概念。

网络中最基本的通信基础是客户-服务器模式，它在计算机通信中占主导地位。本书内容主要包括客户-服务器各部件的功能，还说明了如何构建客户和服务器软件。介绍了客户-服务器模式的基本概念，TCP/IP 协议提供传输数据的基本机制；如何在 TCP/IP 环境下组织编写应用程序；计算机网络通信程序的构建方法；从而进一步了解在网络环境下构建分布式程序。

全书共分 13 章：第 1 章着重介绍网络编程的目标和准备工作；第 2 章和第 3 章着重介绍客户-服务器的概念以及并发处理存在的主要问题和应用；第 4 章和第 5 章基于 Linux 操作系统介绍套接字接口的概念和封装的系统调用函数；第 6 章介绍客户程序设计方法和需要注意的细节问题；第 7 章介绍了各种典型服务器的设计方法，需要注意的问题和细节；第 8 章和第 9 章介绍单线程编写并发程序的方法和应用条件；第 10～12 章介绍多服务、多协议服务器设计方法和并发管理过程；第 13 章介绍客户并发设计的方法和使用条件。全书提供了大量应用实例，每章后均附有习题。

本书适合作为高等院校计算机、软件工程、信息管理等专业高年级本科生、研究生的教材，也可供对 TCP/IP 比较熟悉并且对网络编程有所了解的开发人员、广大科技工作者和研究人员参考。

图书在版编目(CIP)数据

TCP/IP 网络编程原理与技术/钟辉等编著.—北京：清华大学出版社，2019 (2024.7 重印)
(计算机系列教材)
ISBN 978-7-302-52602-5

Ⅰ. ①T… Ⅱ. ①钟… Ⅲ. ①计算机网络－通信协议－教材 ②计算机网络－程序设计－教材 Ⅳ. ①TN915.04 ②TP393.09

中国版本图书馆 CIP 数据核字(2019)第 044592 号

责任编辑：白立军
封面设计：常雪影
责任校对：梁　毅
责任印制：曹婉颖

出版发行：清华大学出版社
网　　址：https://www.tup.com.cn，https://www.wqxuetang.com
地　　址：北京清华大学学研大厦 A 座　　**邮　　编**：100084
社 总 机：010-83470000　　**邮　　购**：010-62786544
投稿与读者服务：010-62776969，c-service@tup.tsinghua.edu.cn
质量反馈：010-62772015，zhiliang@tup.tsinghua.edu.cn
课件下载：https://www.tup.com.cn，010-83470236
印 装 者：三河市龙大印装有限公司
经　　销：全国新华书店
开　　本：185mm×260mm　　**印　　张**：13　　**字　　数**：306 千字
版　　次：2019 年 8 月第 1 版　　**印　　次**：2024 年 7 月第 6 次印刷
定　　价：39.00 元

产品编号：082182-01

前　言

随着 Internet 的发展，网络技术已经渗透到人们的生活和工作中。TCP/IP 已经成为最流行的网络协议，且还在演变以满足未来的需要。在速度越来越快的计算机硬件和不断更新的软件发展的背后，TCP/IP 在任何类型的硬件上都很容易实现和编写应用程序。网络作为中枢神经把世界连在一起。也正是因为网络的出现与发展，编写网络应用程序的程序员和工程师也在不断增加。TCP/IP 网络编程看起来非常简单，应用程序接口（application program interface，API）十分易懂。即使初学者也可以使用现代高级语言抽象的客户-服务器程序模板来编写应用程序。但是发现初学者在经历了最初的高效编程之后，在软件设计细节面前开始停滞不前，同时发现他们编写的程序正在遭受性能和健壮性的考验，在灵活使用客户-服务器模式解决应用问题过程中，缺乏对程序运行可靠性、并发控制、容错等方面的解决方法，造成程序运行不稳定甚至错误。网络编程完全不同于常规的单机编程，每个程序运行都要受网络上其他在线程序的控制和干扰。网络编程是一个充满黑暗角落的领域，一些细节有可能会被错误理解。如果停留在高层语言抽象环境里编程，永远不能掌握客户-服务器的实质与精髓。本书对 TCP/IP 网络编程最精细的基本理论和概念进行了分析和介绍，能照亮读者编程中黑暗的角落并帮助其改正错误。

通过本书的介绍，读者会透彻理解网络编程的许多难点。本书详细介绍了客户-服务器编程的所有细节。通过对这些细节的理解，读者将获得相应的知识，即网络协议的内部工作机制如何与应用程序交互。因而对那些以前看起来令人困惑的程序行为就会变得很容易理解，解决问题的办法就会变得很清晰。本书面向套接字的网络编程学习者，只要掌握最基础的 C 语言编程实例和概念，就能掌握最基本的客户-服务器编程细节，更能方便在学习了 C++ 之后，掌握面向对象高级封装环境的网络编程过程。掌握相关的网络协议知识以及操作系统的基础知识将有助于客户-服务器编程。本书针对网络编程的初学者，首先强调基本概念和原理的掌握，加强所有章节示例的可读性，然后才考虑代码的优化问题。本书适合所有希望学习 Linux 的网络编程的读者。Linux 操作系统是早期的网络编程环境，对于该环境的掌握就不难了解 Windows 环境的网络编程，因为 Windows 操作系统的网络编程环境也是来自于 UNIX 操作系统的移植，所以使用任何操作系统都不会有问题。网络编程的特点决定了同时学习两种操作系统平台的网络编程是最有效的学习方法。不必为学习本书的内容而特意掌握 Linux 和 Windows 两种操作系统的操作方法，只需要了解各自的编译方法即可。本书主要介绍了 Linux 平台下的套接字函数和调用方法，所有示例程序都是在 Linux 平台下实现的。

作为一名长期从事计算机网络相关课程教学的教师，作者一直在考虑这样一个问题：怎样用有限的课堂教学时间为学生系统地讲授网络编程的基本概念、基本原理和应用？教材是教学过程中使用的主要资料，是教与学的主要内容依据，所以一本好的教材应科学、合理地覆盖本门课程的知识，具有严谨的总体结构和章节安排，内容应详略得当且能够突出重点。同时,编写教材的人员也应该注意本门课程与操作系统、C语言课程之间的联系,解决好课程之间的衔接。作者认为编写网络编程教材应有如下的要求:第一,应具备丰富的实践经验,对自己的专业有深刻的理解;第二,应具备丰富的教学经验,能够把握学生的学习规律,并力求将深奥的理论叙述和讲解简单化;第三,应具备对知识的归纳和总结能力,并具有良好的写作功底,能够将知识阐述得准确、清晰。一本好的教材必须经过精心规划和设计。本书在出版前其内容已经在多年的教学过程中讲授过,作者对内容进行了多次调整和增减,增加了大量易于操作和实验内容。

本书的内容特色是在介绍每一类服务器算法时都增加了配套的示例和讲解过程,并配有源代码和运行结果。让读者可以通过代码运行理解客户-服务器算法的实现过程,了解客户-服务器的结构。尤其是通信代码的交互过程,它是网络编程的难点所在,特意强调在各种应用过程中使用套接字通信交互的理解和使用。其次强调了并发服务器的编写,它也是服务器编写的难点之一。

本书共分为13章:第1~5章主要介绍网络编程的主要概念——客户-服务器、并发程序、套接字接口及其API;第6章介绍客户编程的基本概念和存在的主要问题,举出实例讲解客户编程的一般方法,隐藏细节的过程库,重点介绍了TCP和UDP的客户编程;第7章介绍服务器编程的基本概念和需要解决的问题,举例说明四大类服务器编写的代码示例,重点说明并发服务器的设计方法;第8章和第9章介绍单线程实现并发程序的设计及其应用场景;第10~12章介绍多服务、多协议服务器设计方法和原理,以及并发性管理;第13章介绍客户并发设计的原理和应用场景。

在本书的编写过程中,得到教学团队同事的大力支持和帮助,借此机会向他们表示衷心的感谢!本书由钟辉统筹全书章节内容和框架,并校对所有章节内容。第1~5章由董洁、臧晗编写,并进行了代码实验操作验证,总结实验步骤和遇到的问题;第6章和第7章由钟辉编写,孟祥宇、高野编写实例代码进行实验验证,总结实验代码所遇到的问题;第8章和第9章由宋凯、孟祥宇编写,高野进行了代码实验验证;第10~12章由钟辉、董洁编写,臧晗编写实例代码进行实验验证,并总结出现的问题。

计算机软硬件与互联技术发展迅速,限于作者的学识和时间,本书难免有错误与不妥之处,恳请读者批评指正,作者将万分感谢。

编　者

2018年8月于沈阳

目　录

第1章　网络编程准备

网络编程是一个知识面很宽广的领域，采用网络技术在两台或更多台计算机之间进行数据通信时，存在很多障碍，这些障碍遍及简单的串行连接到复杂的网络体系结构。如今人们都清楚地认识到TCP/IP是构建网络的首选技术。这很大程度上是因为互联网的发展和其最盛行的Web互联网应用程序：万维网(World Wide Web)。Web使用了浏览器和服务器应用程序，以及HTTP，但实际上它并不是一个程序，也不是一个协议。Web是互联网上最广泛的可视化网络技术的应用程序。

其实在Web诞生之前，TCP/IP也是一种非常流行的网络构建方法。因为TCP/IP是一个开放的标准并且可以在不同的硬件之间进行互相连接，因此越来越多的人使用TCP/IP来构建网络和网络应用程序。到20世纪90年代初，TCP/IP已经成为网络的主要技术和事实标准，而且这种技术趋势将在未来的很长一段时间内持续下去。如果希望了解和掌握网络编程技术，就必须先掌握一些背景知识，其对全面理解网络编程技术有很大帮助。本书首先介绍初学者通常会遇到的几个问题，引导大家掌握网络编程技术的精髓和方法。这些问题很大一部分是一些对概念的认识不清楚和误解造成的，其中包括对TCP/IP的概念及其应用程序接口(application program interface，API)的不完全理解。

1.1　TCP/IP技术的因特网应用

TCP/IP已经成为业界最成熟的互联网协议，且使与厂商无关的计算机通信成为可能。而客户-服务器模式在计算机通信中占主导地位，它是网络中最基本的通信基础。理解客户-服务器模式各部件的功能，掌握TCP/IP提供传输数据的基本机制，才能掌握如何构建客户和服务器软件，如何在TCP/IP环境下编写网络应用程序，掌握计算机网络通信程序的基本构造。

互联网技术已经十分普及，目前全世界范围内的大多数公用和专用网络都选用了TCP/IP。在欧洲、印度洋、南美洲和太平洋周边的一些国家，TCP/IP的使用正迅速增长。TCP/IP提供了将计算机互联起来的技术，通过TCP/IP互联网以获得多种可用的应用。有些应用很明显是使用TCP/IP的，而有些应用却不太明显。我们最熟悉的是与整个因特网和万维网有关的应用，如浏览网页、聊天室；还有通常被称为万维网广播(webcasting)的流式处理(streaming)。企业或公司以其他的方式来使用TCP/IP技术，例如，一家公司可使用TCP/IP监视和控制海上石油平台，而另一家公司可使用TCP/IP控制库存数量。一些连锁经营的宾馆在它们的预订系统中使用了TCP/IP，每次预订信息通过一个专用的TCP/IP互联网进行通信。另外，许多大规模的网络使用TCP/IP应用来监视和控制网络设备。除此之外，新的应用也正不断涌现。

1.2 用 TCP/IP 构建分布式环境设计应用程序

网络技术已日渐成为所有软件的一部分,程序员必须掌握这样的基础知识:设计和实现分布式应用程序所用到的原则和技术。我们将会看到,分布式计算的一个主要目标就是透明性,即所产生的分布式程序的行为应尽可能与同样程序的非分布式版本一样。因此,分布式计算的目标就是提供一个环境,该环境隐藏了计算机和服务的地理位置,使它们看上去就像是在本地一样。例如,传统的数据库系统将数据同应用程序存储在同一台计算机上,而分布式数据库系统允许用户访问存储在不同地点的不同计算机上的数据。若应用程序设计得好,用户是感觉不出来数据是本地的还是远程的。

1.3 用 TCP/IP 构建的标准和非标准应用协议

TCP/IP 协议族包含许多应用协议,而且新的应用协议每日都在出现。事实上,只要一个程序员设计了两个使用 TCP/IP 通信的程序,这个程序员就已经发明了一种新的应用协议。当然,有些应用协议已经被记录和标准化,并被采纳为正式的 TCP/IP 协议族的一部分,我们称这种协议为标准应用协议。应用程序员发明的其他供私人使用的协议,则称为非标准应用协议。

只要有可能,多数网络管理员都会选择使用标准的应用协议。当现有的协议足够用时,就不必再去发明一种新的应用协议。例如,TCP/IP 包含了像文件传送、远程登录和电子邮件(E-mail)等服务的标准应用协议。因此,对这些服务,程序员应使用标准协议。一般来讲,标准应用协议用于那些公共的应用环境,如 E-mail、WWW、Telnet 和 FTP 等,它们类似于操作系统下运行的一些通用应用程序命令,供所有用户使用。非标准应用协议是具有特殊用途的部分用户使用的,如酒店管理系统、物流管理系统、企业 ERP 系统等。

1.4 使用 TCP/IP 标准应用协议的例子

尽管一个给定的远程登录会话仅仅以人可以输入的速度产生数据,并以人可以阅读的速率接收数据。但在已连接的因特网中,远程登录的通信量名列前十名。许多用户依赖远程登录作为工作环境的一部分;不必直接连接到用于完成大部分计算的那些计算机上。

TCP/IP 协议族包含一个用于远程登录的标准应用协议,称为 Telnet。Telnet 协议定义了应用程序为登录到远程计算机而必须发送给该计算机的数据的格式,以及远程计算机发回的报文的格式。它定义了字符数据在传输时应如何被编码,以及为控制会话或放弃一个远程登录应发送的特殊报文。

Telnet 协议如何对数据进行编码的内部细节,对大多数用户是不相关的。一个用户可以调用接入远程计算机的软件,而无须知道或关心它的实现。实际上,使用远程服务常常和使用本地服务一样容易。例如，运行 TCP/IP 的计算机系统往往含有一个命令，用户调用此命令来运行 Telnet 软件。在很多系统中，该命令名为 telnet。为了调用它，用户输入：

```
telnet machine
```

参数 machine 表示期望远程登录接入的计算机的域名。因此，为构成一个到计算机 example. com 的 Telnet 连接，用户输入：

```
telnet example.com
```

从用户的观点看，运行 telnet 将连接远程计算机并使用户窗口中的命令可在远程计算机上执行。一旦建立了连接，telnet 应用就提供一个双向通信信道。只要用户一直打开窗口。telnet 应用程序就会把用户输入的每个字符都发送给远程计算机，并把远程计算机发出的每个字符显示在用户的显示器上。

通常在 telnet 用户连接到一个远程系统后，该远程系统会要求用户输入登录标识符和口令进行验证。这个提供给远程用户的提示信息与提供给本地用户的提示符信息是一样的。因此，Telnet 提供给每个远程用户一种正在使用直连终端的错觉。

1.5 Telnet 连接的例子

作为一个例子，考虑一下当某位用户调用 telnet 并连接到计算机 purdue. edu 时，会发生什么：

```
telnet purdue.edu
Trying…
Connected to purdue.edu
Escape character is'^]'.
SunOS 5.6
Login:
```

当 telnet 程序将计算机名转换为 IP 地址并试图与该地址建立一个有效的 TCP 连接时，就出现了最开始的输出消息“Trying…”。一旦建立了连接，telnet 便打印出第 2 行和第 3 行，它们通知用户连接尝试已经成功并指出一个特殊字符，在需要时，用户可以输入该字符临时从 telnet 应用程序中退出(例如，如果发生了故障，用户就要放弃连接)。符号^]表示用户必须按住 Ctrl+]键。

输出的最后几行来自远程计算机。它们表明其操作系统是 SunOS 5. 6 版，还提供了一个标准的登录提示符。光标停在“Login:”消息后，等待用户输入一个合法的登录标识符。用户必须在远程计算机上有一个账户，Telnet 会话才能继续下去。在用户输入一个合法的登录标识符后，远程计算机会提示用户输入口令。只有在登录标识符和口令都有效的情况下，才允许用户接入。

1.6 使用 Telnet 访问其他服务

TCP/IP 使用协议端口号来标识一台特定计算机上的应用服务。实现某个特定服务的软件在某个预先确定的(熟知)协议端口上等待请求。例如,用 Telnet 协议访问的远程登录服务,它被分配的端口目的号是 23。默认情况下,当用户调用 telnet 程序时,程序会连接指定计算机上的端口 23。

有趣的是,Telnet 协议可以用来访问不同于标准的远程登录服务的其他服务。为此,用户必须指定所期望访问服务的协议端口号。当在命令行上调用 telnet 时,大多数系统会提供可选的第二个参数,以便允许用户指定其他的协议端口号;一些 telnet 版本提供一个图形接口让用户从一个菜单项中选择端口号。不管哪种情况,若用户没有提供第二个参数,telnet 就使用端口 23。但是,若用户指明了一个协议端口号。telnet 就连接该端口号。例如,如果用户输入:

```
telnet purdue.edu 13
```

telnet 程序将建立与计算机 purdue. edu 上的协议端口 13 的一个连接。

端口 13 对应的服务并不是常规的远程登录服务,而是将提供 DAYTIME 服务,报告远程计算机上的本地日期和时间。在 telnet 首次连接端口 13 时,远程计算机不会返回任何提示。但是,telnet 程序会产生 3 行输出:

```
telnet purdue.edu 13
Trying…
Connected to purdue.edu
Escape character is' ^] '.
```

而远程计算机上的服务只产生了 1 行含日期和时间的输出。在它产生输出后,远程计算机将关闭连接。

```
Sun Jan 16 21:52:08 2000
Connection closed by foreign host.
```

Finger 服务可从端口 79 上获得,它是一种使用 Telnet 协议访问的交互式服务。Finger 服务提供有关已登录到计算机中的所有用户信息或某个指定用户的信息。输入可以是一个空行(提示要列出计算机上的所有用户)加回车符,或一个用户名(提示只要提供指定用户的信息)加一个回车符。

虽然 Finger 服务是交互式的,但它不会自动产生提示信息,而是等待用户输入一个请求再加以响应。例如,为在计算机 purdue. edu 上的端口 79 处对 John Rice 执行 Finger 操作,可在调用 telnet 后,等待连接,然后输入用户名。服务会提供该用户的信息加以响应。下面所示的输出说明了这一交互过程:

```
telnet purdue.edu 79
Trying …
```

```
Connected to purdue.edu
Escape character is '^] '.
John Rice
Output of your query: John Rice
Name                Dept/School         phone           Status  Email
------------------------------------------------------------------------------------------
John Richard Ricd  Computer Science    +1 765 49-4 6007staff    jrr@cs.purdue.edu
------------------------------------------------------------------------------------------
```

1.7 TCP/IP 应用协议和软件灵活性

前面的例子说明了如何用单个软件(在此例中是 Telnet)访问多个服务。Telnet 协议的设计以及用它来访问 DAYTIME 和 Finger 服务说明了两个重要问题。第一,所有协议设计的目标都是寻找一个适用于多种应用的基本抽象。在实际应用中,由于 Telnet 提供了一种基本的交互通信手段,它适用于多种多样的服务。从概念上说,用来访问一种服务的协议和服务本身是保持分离的。第二,当设计师们考虑实现一些应用服务时,会尽可能地使用标准的应用协议。前面讲的 Finger 服务就因为它使用了标准的 Telnet 协议进行通信,所以访问该服务很容易。而且,由于多数 TCP/IP 软件都包括一个可供调用的应用程序来执行 Telnet,所以不需要其他的客户软件来访问其他服务。设计人员在发明新的交互应用时,如果选用 Telnet 用作其访问协议,就可以重新使用这些软件。概括地说:

> Telnet 协议提供了最大程度的灵活性,因为它只定义了交互通信而没有定义所访问服务的细节。除了远程登录以外,Telnet 还可以被许多交互服务用作通信机制。

1.8 从提供者的角度看服务

前面所给出的应用服务的例子说明了如何为单个用户提供服务。用户运行一个访问远程服务的程序时,期望只经过短时延或甚至没有时延就收到应答。

从提供服务的计算机的角度看,情况就大为不同了。在各个不同网点的用户可能在同一时间访问某个特定的服务。当他们这样做时,每个用户都期望能没有时延地收到响应。

为提供快速的响应并处理多个请求,提供应用服务的计算机系统必须使用并发处理。即服务提供者不能在它正处理前一用户的请求时,让新来的用户等待,这就必须使软件在同一时间处理多个请求。

并发应用程序的运行可能看上去有些不可思议。单个应用程序似乎在同一时刻处理多种活动。对 Telnet 来说,提供远程登录服务的程序必须允许多个用户登录到某台计算机,而且必须能管理多个活动的登录会话。某一个登录会话所进行的通信一定不能影响其他的会话。类似地,实现 Finger 服务的程序必须允许多个用户在同一时刻请求服务,而且相互之间互不影响。

这种对并发的需求使网络软件的设计、实现和维护复杂化了,需要一些专用算法和编程技术。此外,由于并发使调试变得复杂了,程序员就必须很小心地为其设计进行整理归档,并遵循良好的编程习惯。最后,程序员必须谨慎管理并发——他们必须选用一种能提供最高吞吐能力的并发等级,因为太大或太小的并发等级都会使软件性能下降。

1.9 本教材内容介绍

本书有助于应用编程人员理解、构建和优化网络应用软件,它描述了一些应用协议的顺序和并发实现中的基本算法,并提供了每种实现细节的例子。虽然这些例子都使用了TCP/IP,但它所重点讨论的原理、算法以及一般性的技术是可以为大多数网络协议使用的。本书中还介绍了各种技术的优缺点,说明了并发在服务器设计中的重要作用。后面部分章节讨论了并发管理的细节问题,并回顾了一些允许程序员自动优化吞吐能力的技术,概括地说:

> 提供对应用服务的并发访问是很重要的,但也是困难的;本书的许多章节解释并讨论了应用协议软件的并发实现。

本书的每一章中都介绍了一个应用的设计或实例。前面的章节介绍客户-服务器模型、无连接和面向连接传输以及套接字 API。后面的章节介绍客户和服务器软件中使用的算法和实现的技术,以及管理并发所需的一些算法和技术组合。大部分章节都包含一些软件实例,有助于说明所讨论的原理。这些软件实例应被看作本书的一部分,清楚地说明了工作程序中的细节是如何组织的,以及程序是如何体现这些概念的。

1.10 小结

许多程序员在构建分布式应用程序时使用 TCP/IP 作为传输机制。在程序员设计和实现这些软件前,必须先理解计算的客户-服务器模型、传输协议使用的语义、应用程序用于访问协议软件的操作系统接口,实现客户和服务器软件的基本算法,以及诸如应用网关的其他技术。

多数网络服务允许多个用户同时对其进行访问。为使多个用户能同时访问服务,服务器软件必须是并发的。本书大部分内容的重点是应用协议的并发实现技术和对并发的管理问题。

一般来讲厂家在其操作系统所提供的手册中含有一些命令调用的信息,调用这些命令可以访问 Telnet 之类的服务。许多网络站点用本地定义的命令扩充标准的命令集,请与你的本地站点管理员一起找找这些本地可使用的命令。

习题

1.1 使用 Telnet 从你的本地计算机登录到其他计算机上有多大时延?如果有,当第二台计算机连接到同一个局域网时情况又如何？当连接到一台远程计算机时，你注意到有多大的时延？

1.2 阅读一下厂家的手册，看看 Telnet 软件的本地版本是否允许连接远程计算机的某个端口，而这个端口不是标准的远程登录端口。

1.3 确定一下本地计算机上可用的 TCP/IP 服务集。

1.4 使用 FTP 程序从远程站点读取一个文件。如果该软件不提供统计功能，请估计一下对一个大文件的传输速率。该速率较你期望的是大了还是小了？

1.5 使用 Finger 命令获取某个远程站点上的用户信息。

第 2 章　客户-服务器模式软件设计概念

2.1　客户-服务器的起源

客户-服务器(client/server)结构是 20 世纪 80 年代末提出的。这种结构的系统把较复杂的计算和管理任务交给网络上的高档计算机——服务器,而把一些频繁与用户打交道的任务交给前端较简单的计算机——客户机。通过这种方式,将任务合理分配到客户端和服务器端,既充分利用了两端硬件环境的优势,又实现了网络上信息资源的共享。由于这种结构比较适于局域网运行环境,因此逐渐得到广泛的应用。

客户-服务器结构实现了信息分散和再分配技术;实际上最初的局域网是为共享资源和降低外设成本而开展的,将昂贵的硬件设备用网络连接起来,能使更多的用户使用这些资源,大大降低了成本。这种模式扩展到软件的共享,又促进了严重依赖服务器的应用程序的开发,客户不再需要庞大且性能复杂的计算机,3W 技术就归功于客户-服务器技术。

从应用的观点看,就像大多数计算机通信协议一样,TCP/IP 仅仅提供传输数据的基本机制。具体地说,TCP/IP 允许程序员在两个应用程序之间建立通信并来回传递数据。因此,TCP/IP 提供了对等(peer-to-peer)或端到端(end-to-end)通信。这些对等应用程序可在同一计算机上执行,也可在不同的计算机上执行。

尽管 TCP/IP 规定了数据如何在一对正在进行通信的应用程序间传递,但它并没有规定对等的应用程序在什么时间以及为什么要进行交互,也没有规定程序员在一个分布式环境下应如何组织这样的应用程序。在 TCP/IP 的使用中,客户-服务器的组织方法占有主导地位,几乎所有的应用都使用了客户-服务器范例这种模型。实际上在对等网络系统中,客户-服务器的交互是非常基本的形式,大多数计算机通信都采用了此交互形式。

本书使用客户-服务器范例描述所有应用程序的编写。它考虑了客户-服务器模型背后所蕴涵的动机,描述了客户和服务器的功能,还说明了如何构建客户和服务器软件。

在考虑如何构建软件之前,首先要定义客户-服务器的概念和术语。2.3 节定义了全书都要使用的术语。

客户-服务器结构的起因本质上是模块化编程的一种逻辑延伸。

一般复杂软件包括:

主程序(调用模块完成任务)

模块 1　每一模块特定功能

模块 2　提高开发能力和可维护性

⋮

模块 n

作为完成各种功能的模块不再被一个程序调用,主应用程序可以分布在各个计算机上,通过网络去调用各个功能模块,而这些提供各种功能模块程序可以被多个应用程序

(客户机)调用,这些功能模块被集中存储在网络上一个被称为服务器的计算机上。后来这种服务器计算机在网上也扩展了多个,形成了分布式的服务器。一个客户机程序可以要求另一个(或几个)服务器程序进行某些处理,这种情况下,需要得到服务的程序被视为客户机,而提供服务的程序被视为服务器。客户机和服务器程序可以分布式进行访问各种资源(分布在不同计算机、不同 OS、不同地点)。随着互联网的发展,这种信息处理结构由局域网推广到广域网。常用的客户-服务器应用程序:FTP、Telnet、Mail、Web 程序。

总之,客户-服务器模式下的程序概括:每个程序由两部分构成,一部分负责通信,一部分负责对它做出应答。启动点对点通信的进程称为客户机;而对初始请求做出应答的进程称为服务器。服务器等待来自客户机的通信请求,并为客户机执行它请求的操作,再将结果返回给客户机,这时客户机可以从服务器那里检索数据。

2.2 客户-服务器关键问题

客户-服务器模式的主要问题是来自会聚点(rendezvous)问题。为理解这一问题,设想一个人试图在两台独立的计算机上启动两个程序并让它们进行通信。我们知道计算机的运行速度要比人快许多数量级。在这个人启动第一个程序后,该程序开始执行并向其对等程序发送报文。在几微秒内,它就判断出对等程序还不存在,于是就发出一条错误消息,然后退出。在这时,这个人启动了第二个程序。遗憾的是,当第二个程序开始执行时,它发现对等程序已经终止执行了。即便是两个程序继续尝试通信,但由于每个程序都执行得相当快,在同一时刻双方相互发送消息并确定对方收到的概率还是很低的。

客户-服务器模型用一种直接的方式解决此会聚点问题:它要求在任何一对进行通信的应用进程中,有一方必须在启动执行后(无限期地)等待对方与其联系。这种解决方案减少了下层协议软件的复杂性,因为下层协议不必自己对收到的通信请求做出响应。问题在于:

> 由于客户-服务器模型负责处理应用的会聚点问题,因此不需要 TCP/IP 在报文到达后提供自动创建运行程序的任何机制。但是要求有一个程序在任何请求到来前就一直运行,等待其他程序与之通信。

为确保计算机已准备好进行通信,多数系统管理员都安排通信程序在操作系统引导时就自动启动。每个程序启动后就一直运行,等待下一个服务请求的到来并为其提供服务。

2.3 客户-服务器术语

根据应用程序是等待通信的一方还是发起通信的一方,客户-服务器模式将通信应用分为两大类。本节将对这两类应用给出一个简明而全面的定义,在后面的章节中还会对其加以说明并解释其中的许多细节问题。

2.3.1 客户和服务器

客户-服务器模式根据通信发起的方向对程序进行分类，即区别一个程序是客户还是服务器。一般来说，发起对等通信的应用程序称为客户。终端用户往往在其使用网络服务时调用客户软件(例如万维网浏览器就是一个客户程序)。多数客户软件与常规的应用程序实现是一样的。客户应用程序每次执行时都要与服务器联系，发出请求并等待响应，客户收到响应后再继续处理。客户通常比服务器容易构建，它的运行往往并不需要系统特权。

与之相比，服务器是等待接收客户通信请求的一种程序。服务器接收一个客户的请求，执行必要的计算，然后将结果返回给客户。

2.3.2 服务器特权和复杂性

为完成计算和返回结果，服务器软件经常要访问受操作系统保护的对象(如文件、数据库、设备或协议端口)。因此，服务器软件的执行通常带有一些系统特权。由于服务器在执行时带有特权，应注意不要将特权传递给使用服务的客户。例如，一个具有执行特权的文件服务器，必须仔细检查某个文件能否被某个客户访问。服务器不能依赖那些常规的操作系统检查，因为服务器的特权允许它访问任何文件。

通常，服务器含有处理以下安全问题的代码：

- 鉴别——验证客户的身份；
- 授权——判断某个客户是否被允许访问服务器所提供的服务；
- 数据安全——确保数据不被无意泄露或损坏；
- 保密——防止未经授权访问信息；
- 保护——确保网络应用程序不能滥用系统资源。

在以后几章中会看到，服务器要执行高强度计算或处理大量数据，如果它能并发地处理请求，其运行效率会更高。这种特权和并发操作的结合使服务器的设计与实现比客户的更加困难。后面的几章将提供许多例子，它们说明了客户和服务器的区别。

2.3.3 标准和非标准客户软件

第 1 章中描述了两大类客户应用程序：一类客户调用标准 TCP/IP 服务(例如，电子邮件)；另一类客户调用用户网点定义的服务(例如，某家公司的私有数据库系统)。标准应用服务包括 TCP/IP 定义的服务，这些服务都被指派了熟知的、普遍都能识别的协议端口标识符。将所有其他的应用服务称为本地定义的应用服务(locally-defined application service)或非标准应用服务(nonstandard application service)。

标准应用服务与非标准应用服务的区别只有在与外界环境通信时才变得明显。在某个特定环境下，系统管理员往往使得那些定义的服务名让用户不能区分服务是本地的还是标准的。但程序员在构建网络应用时却应记住这个区别，不要让程序依赖那些只在本地才能用的服务，否则那些应用就不能被其他网点使用了。

尽管 TCP/IP 定义了许多标准的应用协议，但多数商业计算机厂家在他们的 TCP/IP 软件中只提供了少部分标准应用的客户程序。例如，TCP/IP 软件中通常包括使用标准 Telnet 协议的远程登录客户，使用标准 SMTP 或 POP 传输和接收邮件的电子邮件客户，使用标准 FTP 在两台计算机之间传送文件的文件传送客户，以及使用标准 HTTP 访问万维网文档的万维网浏览器。

当然，许多组织为自己构建了特殊的应用程序，使用 TCP/IP 进行通信。这些定制的、非标准的应用程序有简单的，也有复杂的，它们涉及各种各样的服务。例如，音乐和视频传输，语音通信，远程实时数据采集，在线预订系统，分布式数据库访问，气象数据发布，以及设备或计算机的远程控制等。

2.3.4 客户的参数化

有一些客户软件提供了较高的通用性。具体地说，有些客户软件允许用户既指定运行服务器程序的远程计算机，又指定服务器监听的协议端口号。例如，在第 1 章中已说明过，标准应用客户软件如何使用 Telnet 协议访问不同于常规 Telnet 远程终端服务的其他服务，前提是程序应允许用户指定目的协议端口以及远程计算机。

从概念上说，允许用户指明协议端口号的软件比其他软件多一些输入参数，因此描述这种软件用一个术语——全参数化的客户(fully parameterized client)。例如，一个全参数化的客户允许用户指定一个协议端口号。

并非所有的厂商为其客户应用软件提供全参数化。因此，在一些系统中，如果要 Telnet 客户使用一个非公认的远程登录端口是很困难的，甚至是不可能的。实际上，可能需要修改厂家的 Telnet 客户软件或者编写一个新的客户软件，使它接收一个端口参数并使用该端口。当然，在构建客户软件时，最好使用全参数化：

> 在设计客户应用软件时，最好让它包含一些允许用户全部指明目的计算机和目的协议端口号的参数。

全参数化在测试新的客户或服务器时特别有用，因为它可以使测试过程独立于目前使用的软件。例如，某个程序员可以构建一对 Telnet 客户和服务器。并使用非标准的协议端口调用它们，这样在对该软件进行测试时不会打扰标准服务。在测试过程中，其他用户可以继续访问原来的 Telnet 服务而不受影响。

2.3.5 无连接的和面向连接的服务器

在程序员设计客户-服务器软件时，必须在两种类型的交互中做出选择：无连接的风格或面向连接的风格。这两种风格的交互直接对应于 TCP/IP 协议族所提供的两个主要的传输协议。客户和服务器如果使用用户数据报协议(UDP)进行通信，那么交互就是无连接的;如果使用传输控制协议(TCP),则交互就是面向连接的。

从应用程序员的角度看,无连接的交互和面向连接的交互之间的区别是非常重要的,因为这在很大程度上决定了客户和服务器交互所采用的算法。如果使用 TCP/IP 协议通信,连接方式的选择还决定了下层系统所提供的可靠性等级。由于 TCP 考虑了所有传输问题,它提供完全可靠性。TCP 验证数据的到达,对未到达的报文段会自动进行重传;还计算数据的校验和,以保证数据在传输过程中没有损坏;使用序号确保数据按序到达并自动忽略重复的分组;提供了流控制以确保发送方发送数据的速度不超过接收方的承受能力;最后,在下层网络因某种原因无法运作时,TCP 会通知发送方。

相反,使用 UDP 的客户和服务器在传输可靠性上没有任何保证。在客户发送请求时,这个请求可能丢失、重复、延迟或者交付失序。类似地,服务器发回给客户的响应也可能丢失、重复、延迟或者交付失序。因此,使用 UDP 的客户或服务器软件中必须包含检测和纠正这些错误的代码。

由于 UDP 提供了最大努力交付(best effect delivery),有时程序员可能会被它蒙蔽。UDP 本身不会引入差错,它只是依靠下层的网际协议(IP)来交付分组。而 IP 则要依赖于下层的硬件网络和中间的一些网关。从程序员的角度来看,如果下层的互联网工作得好,UDP 也就工作得好。例如,在本地环境中可靠性差错很少发生,因此在一个本地环境中 UDP 工作得就好。通常差错只在一个广域互联网中通信时才会发生。

程序员有时会犯这样的错误,即选择了无连接的传输(例如,UDP)来构建应用程序,但只在一个局域网中测试这个应用软件。因为在局域网中分组很少甚至从不被丢失、延迟或者交付失序,应用软件好像工作得很好。然而,如果同样的软件要放在一个广域互联网中使用,就可能失败或产生不正确的结果。

初学者以及大多数有经验的专业人员喜欢使用面向连接风格的交互。面向连接的协议使编程更简单,程序员不必再负责检测和纠正差错。实际上,在 UDP 中加入可靠性并不容易,它要求具有相当的协议设计经验。

通常,应用程序只在以下情况下使用 UDP:①应用协议指明必须使用 UDP(可假定应用协议已设计了处理可靠性和交付差错的内容);②应用程序协议要依靠硬件进行广播或组播;③应用协议在可靠的本地环境中运行,不需要额外的可靠性处理。概括如下:

> 在设计客户-服务器应用时,强烈建议初学者使用 TCP,因为 TCP 提供了可靠的、面向连接的通信。程序仅在以下情况使用 UDP。如果由应用协议处理可靠性,应用协议需要用硬件进行广播或组播,不需要额外的可靠性处理。

2.3.6 无状态和有状态服务器

服务器所维护的与客户交互活动的信息称为状态信息(state information)。不保存任何状态信息的服务器称为无状态服务器(stateless server),反之则称为有状态服务器(stateful server)。

获得高效率的愿望促使设计者在服务器中保存状态信息。在服务器中保存少量信息,就可减少客户和服务器间交换报文的大小,还能允许服务器快速地响应请求。从本质上讲,状态信息让服务器记住了客户以前有过哪些请求,并在每个新请求到来时计算新响应。相反,采用无状态服务器的动机是协议的可靠性：如果报文丢失、重复或交付失序,或者如果客户计算机崩溃或重启动,则一个服务器中的状态信息就会变得不正确。在服务器计算响应时,若使用了不正确的状态信息,就可能产生不正确的响应。

2.3.7 无状态文件服务器的例子

举个例子有助于说明无状态和有状态服务器之间的区别。考虑一个文件服务器,它允许客户远程访问保存在本地磁盘中的文件信息。服务器作为一个应用程序运作,等待网络中的某个客户与它联系。客户发送的请求有两种类型：请求从某个指定文件中获取数据,或者请求在指定文件中存储数据。服务器执行所请求的操作并向客户发回响应。

如果文件服务器是无状态的,它不维护有关事务处理的信息。客户发出的每个报文都必须指定完整的信息。报文必须指定操作类型(是读文件还是写文件)、文件名、传输数据在文件中的位置和传输字节数。如果报文的操作类型是写数据,报文还应包含要写入文件的数据。表2-1是无状态请求报文中包含的字段。服务器独立地解释每个报文。

表2-1 无状态请求报文中中包含的字段

项目	描　　述	项目	描　　述
op	操作类型(读或写)	size	传输字节数
name	文件名	data	要写入文件的数据(只出现在写请求中)
pos	传输数据在文件中的位置		

无状态请求中所用的文件名必须完整,不能有二义性——服务器必须能单独从报文中标识该文件。因此,文件名可能会很长。

2.3.8 有状态文件服务器的例子

另一方面,考虑文件服务器维护状态信息时所用的报文内容。由于服务器能区分各个客户,并保留着各个客户以前的请求,请求报文中就不必包含所有字段信息。具体来说,在某个客户开始访问一个文件后,服务器中保留着被访问的文件名、当前位置和客户以前的操作。在客户发出第一个读文件的请求之后,后续的读请求报文只需包含一个字段：读取字节数。类似地,在客户开始写数据后,后续的每个写请求报文只需包含两个字段：写入数据的字节数和写入数据本身。

一个有状态文件服务器如何管理状态呢？服务器维护着一张表,该表中含有每个客户的信息和当前正被访问文件的信息。表2-2是一张可能出现的有状态文件服务器的状态信息表。客户可能在报文中省略服务器中已有信息的字段。

表 2-2 有状态文件服务器的状态信息表

客户	文件名	当前位置	上一次操作
1	test. program. c	0	read
2	tcp. book. text	456	read
3	dept. budget. text	38	write
4	tetris. exe	128	read

在服务器为某个客户完成一次操作后，服务器会相应增加状态表中的文件位置，从而使该客户的下一个请求指向新数据。

2.3.9 客户标识

有状态服务器标识客户有两种基本方法：端点和句柄。使用端点标识符的优点是好像能自动进行标识，因为此机制只与下层传输协议有关，不依赖于上层应用协议。为使用端点标识符，服务器要请下层传输协议软件在请求到达时提供识别客户的信息(例如，客户的 IP 地址和协议端口号)。然后服务器使用端点信息查找状态表进行定位。

但是端点信息有可能变化。例如，如果一个网络故障会使客户打开一个新的 TCP 连接，这时服务器不会将该新连接与此客户以前的状态信息关联起来。而另一种标识客户的句柄方法却能将多个连接与一个固定客户联系起来，这是句柄方法的一个优点。但是这种方法对应用而言也有一个缺点：一个句柄只在一个客户和一个服务器间使用。在客户发出第一个请求时，客户必须提供完整的信息，服务器收到请求后，将在状态表中增加一个条目，并为此条目生成一个称为句柄的短标识符(通常是一个小整数)。服务器将此句柄发回给客户以便在后续的请求中使用。当该客户发送新请求时，它可以在请求报文中使用此句柄代替长的文件名。值得注意的是，由于此机制与下层传输协议无关，传输连接的变化不会使句柄无效。

有状态服务器不可能永久维持状态。当一个客户开始访问时，服务器为该客户分配一小部分本地资源(例如，存储器)。如果服务器从不释放这些被占用的资源，服务器最终会耗尽一个或多个资源。因此，有状态的应用协议需要终止。在文件服务器的例子中，客户使用完某个文件后，必须发送一个报文通知服务器它不再用该文件了。在响应该请求时，服务器会删除存储的相应状态信息，然后使该表项可被其他客户使用。

使用状态的要点是效率。只要客户和服务器间的所有报文的传送都是可靠的，这种有状态的设计就会使传输的数据量减少。而且，由于大多数非分布式的程序都使用状态，程序人员采用有状态的设计是很自然的。这里的要点：

> 在理想的情况下，只要网络能可靠地交付所有的报文，并且计算机从不崩溃，则在这种情况下，使服务器为每个进行着的交互保持少量状态信息，就可以使交互的报文小些。并且使分布式应用更像非分布式的应用。

尽管状态信息可以提高效率，但如果下层网络使报文重复、延迟或者交付失序(例如，如果客户和服务器在因特网中使用UDP进行通信),状态信息就很难甚至不可能被正确地维护。考虑以下这样的情况,在所举的文件服务器的例子中,如果网络重复了一个read请求,那么会发生什么呢?回想一下,服务器在其状态信息中保持了一个文件位置项。假设客户每次从文件中获取数据后,服务器便更新该文件的位置信息。如果网络重复了一个read请求,服务器就会收到两份同样的read请求。在第一个read请求到来时,服务器从文件中读取数据,然后更新状态信息中的文件位置,并将结果返回给客户。当第二个重复的read请求到来时,服务器将读取另外一段数据,然后再一次更新文件位置,并将新数据返回给客户。客户可能将第二个响应看作是重复的并将其丢弃,或者可能报告出了一个差错,因为它只发出一个请求却收到了两个不同的响应。无论哪种情况,在服务器中的状态信息都会变得不正确,因为它与客户的真实状态不一致。

当计算机重启动时,状态信息也可能变得不正确。如果一个客户与服务器联系后计算机就崩溃了,而服务器已经为该客户建立了状态信息。服务器就可能永远不会收到让它丢弃这些状态信息的报文。最终,这些积累起来的状态信息会把服务器的存储器资源耗尽。在文件服务器的例子中,如果某个客户打开了100个文件而后崩溃了,那么服务器将永远在状态表中保持这100个没用的条目。

有状态服务器如果使用端点标识符,计算机崩溃或重启动也同样会使服务器产生混乱(或响应不正确)。一个新的客户程序在重启动后开始工作,而它与先前那个在系统崩溃前工作的客户程序正好使用相同的协议端口号,那么服务器不可能正确区分这两个客户。这个问题可能看上去很容易解决,只要在一个客户要求进行交互的新请求到达时,让服务器擦除以前来自某个客户的信息就可以了。然而要记住,下层的互联网可能会重复或延迟报文,因此,解决重启动后新客户重新使用协议端口问题的方案应当也能处理这种情况,即某个客户正常启动后,它发给服务器的第一个报文被重复了,并且其中一个报文副本被延迟了。

一般来说,保持正确状态信息这个问题只有用复杂的协议才能解决,这种协议能解决不可靠的交付和计算机系统重启动的问题。概括地说:

> 在实际的互联网中,计算机可能崩溃或重启动,而报文可能丢失、重复或者交付失序。采用有状态的设计会导致复杂的应用协议,而这种应用协议难于设计、理解和正确实现。

2.3.10 无状态是一个协议问题

尽管已经在服务器的环境中讨论了无状态的问题,但一个服务器到底是无状态的还是有状态的呢?这一问题的答案更多地取决于应用协议而不是实现。如果应用协议规定了某个报文的含义,在某种方式上依赖于先前的一些报文,这样它就不可能提供无状态的交互。

从本质上说,无状态问题的重点是应用协议是否承担着可靠交付的责任要避免出问题并使交互可靠,应用协议的设计者必须确保每个报文绝无二义性。也就是说,一个报文既不能依赖于被按序交付，也不能依赖于前面的报文已被交付。关键是协议设计者必须这样构建交互，即无论一个请求何时到达或到达多少次，服务器都应给出同样的响应。数学家们用术语幂等(idempotent)指一个总是产生相同结果的数学运算。我们用这个术语来称呼这种协议，它让服务器对某个已知报文给出相同的响应，而不管该报文到达多少次。

> 如果一个互联网中的下层网络可能使报文重复、延迟或交付失序，或者运行客户应用程序的计算机可能会意外崩溃，那么在这样的网络中服务器应是无状态的。只有当应用协议被设计成对操作是幂等的，服务器才能是无状态的。

2.3.11 充当客户的服务器

许多程序并不准确符合客户或服务器的定义。在服务器计算某个请求的响应时，它可能需要访问其他网络服务，因此服务器也可能充当客户。例如，假设文件服务器程序需要获得当时的时间，以便在文件中打上访问时间的标记。还假设运行服务器的系统中没有时钟。为了获得时间信息，该服务器就作为客户向时间服务器发出请求，如图 2-1 所示。对时间服务器来说，文件服务器相当于一个客户。当时间服务器应答后，文件服务器将结束计算并将结果返回给原来的客户。

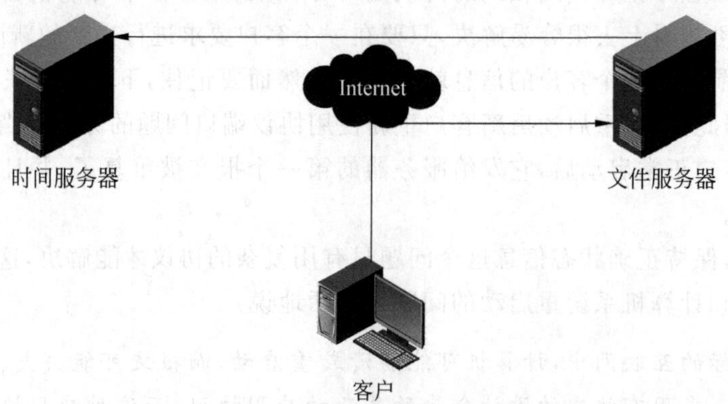

图 2-1　文件服务器既是客户又是服务器

2.4 小结

客户-服务器范例将通信应用程序分为两类，即客户和服务器，这取决于它是否发起通信。除了为标准应用设计的客户和服务器软件外，许多 TCP/IP 用户为其自定义的非标准应用构建了客户和服务器软件。

初学者以及多数有经验的程序员使用 TCP 在客户与服务器之间传输报文，因为 TCP 提供了互联网环境所需要的可靠性。程序员只有在 TCP 不能解决问题时才选择 UDP(例如，支持广播或组播交付)。

在服务器中维护状态信息可以提高效率。然而,如果客户的计算机意外崩溃或者下层的传输网络让分组重复、延迟或者丢失,状态信息会耗尽资源或者变得不正确。因此,多数应用协议设计者努力减少状态信息。如果应用协议不能使操作成为幂等的,就可能不能使用无状态服务器。

程序不能简单地划分为客户和服务器这两类,这是因为许多程序同时具有客户和服务器这两种功能。一个程序对某个服务来说是服务器,但它又可作为客户请求其他的服务。

Steven 在 1998 年简要描述了客户-服务器模型并给出了一些 UNIX 例子。其他例子可参考各个厂商的操作系统所提供的应用。

习题

2.1 在你的标准应用客户的本地实现中,有哪些是全参数化的?为什么需要全参数化?

2.2 标准的应用协议,如 Telnet、FTP、SMTP 以及 NFS(网络文件系统),它们是无连接的还是面向连接的?

2.3 当一个客户的请求到达时,如果不存在服务器,按照 TCP/IP 的规范将发生什么(提示:看看 ICMP)?在你的本地系统中情况是怎样的?

2.4 写出无状态文件服务器所需要的数据结构和报文格式。若两个或更多的客户访问同一个文件会发生什么?若客户在关闭某个文件前崩溃了又会如何?

2.5 服务器使用端点标识符标识客户比使用句柄安全吗?为什么(提示:中间的路由器可以看到因特网中传输的分组内容,而一台计算机可能崩溃和重启动)?

2.6 如果一个句柄只含有一个表的索引,指派给状态表中某个条目的一个句柄可能被重复指派。设计一种机制将一个句柄高效地映射到某个表条目,在每次重用一个表条目时都会为之指派一个新句柄。

2.7 写出有状态文件服务器所需要的数据结构和报文格式。使用 open、read、write 和 close 等操作来存取文件。让 open 操作返回一个整数,而该整数又被 read 和 write 操作用来读写文件。若一个客户发送一个 open 后崩溃了,然后重启动,并再次发出一个 open 请求,请问你如何区分这个客户重复发出的 open 请求?

2.8 在 2.7 题中,如果有两个或更多的客户存取同一个文件,你的设计会如何?如果客户在关闭文件前崩溃了,情况又如何呢?

2.9 仔细检查 NFS 远程文件存取协议,识别哪些操作是幂等的。若报文丢失、重复或者延迟将会产生什么差错?

2.10 幂等的协议报文是否应比非幂等的协议报文大一些?为什么?

第3章　客户-服务器模式软件中的并发处理

3.1　引言

第2章定义了客户-服务器模式。本章通过讨论并发来扩展这种客户-服务器交互的概念。并发提供了很多蕴藏在客户-服务器交互背后的能力，但也使软件的设计和构建变得更困难。在以后的各章中还会涉及并发的概念，在那些章节中将详细解释服务器如何提供并发访问。

除了讨论并发的一般概念，本章还回顾了操作系统为支持并发处理而提供的那些设施。理解本章描述的功能很重要，因为在后续章节的许多服务器实现中会用到这些功能。

3.2　网络中的并发

术语并发(concurrency)指真正的或表面呈现的同时计算。例如，一个多用户的计算机系统可以通过分时(time sharing)获得并发。分时是一种设计，它使单个处理器在多个计算任务之间足够快地切换，从表面上看这些计算是同时进行的，或者通过多处理(multiprocessing)获得并发，这种设计让多个处理器同时执行多个计算任务。

分布式计算的基础是并发处理，并发会以多种形式出现。在单个网络中的各台计算机之间，许多成对的应用程序可以并发通信，共享使它们互连的网络。例如，在一台计算机中的应用进程A可能与另一台计算机中的应用进程B进行通信，同时，在第三台计算机中的应用进程C可能与第四台计算机中的应用进程D通信。尽管这些进程都共享一个网络，但这些应用进程看上去像是在独立运行。网络硬件执行一些访问规则，这些规则允许每对通信的计算机之间相互交换报文，并且能防止某一对应用进程占用了全部的网络带宽而排斥其他应用进程的通信。

在一个特定的计算机系统中也有并发产生。例如，一个分时系统中的多个用户可以各自调用一个客户应用，这些客户应用将与另外一台计算机中的应用进行通信。一个用户在传送文件时，另一个用户可以进行远程登录。从用户的观点看，好像所有的客户程序都在同时运行。

除在单台计算机中的各个客户之间有并发外，在一组计算机上的所有客户之间也可以并发执行。图3-1说明了运行于几台计算机上的客户程序之间的并发。当用户在多台计算机上同时执行客户程序时，或者当一个多任务操作系统允许多个客户程序的副本在单台计算机中并发执行时，这些客户程序之间就产生了并发。

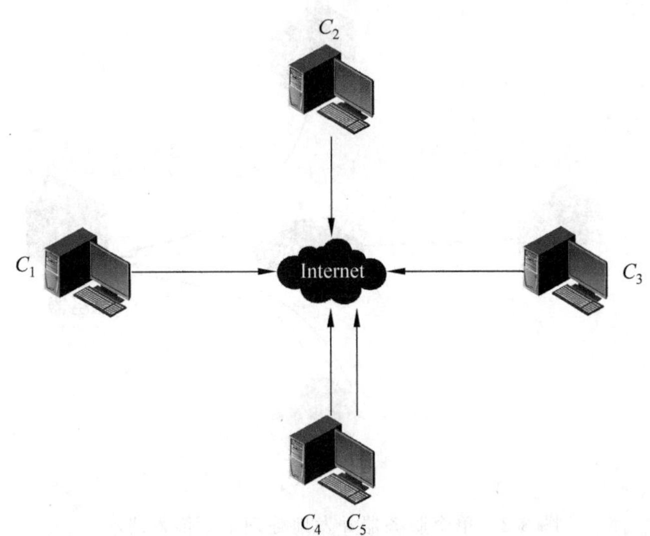

图 3-1 运行于几台计算机上的客户程序之间的并发

要使客户软件具有并发，往往并不需要程序员为此特别花费工夫，应用程序员在设计和构建各个客户程序时不需要考虑其并发；由于操作系统允许多个用户在同一时间各自调用某个客户程序，这些客户程序间的并发与生俱有。因此，各个客户程序的运行很像普通的程序。概括地说：

> 大多数客户软件都能够并发运行，这是因为底层的操作系统允许用户并发地执行客户程序，或是因为多台计算机上的用户在同一时间各自执行客户软件。单个客户程序就像普通的程序那样运行，它并不明显地管理并发。

3.3 服务器中的并发

与并发的客户软件不同的是，服务器中的并发实现需要花费相当的工夫。如图 3-2 所示，单个服务器必须并发地处理多个传入请求（incoming request）。服务器软件必须在编程中处理好并发请求，因为多个客户使用服务器的一个熟知协议端口与服务器联系。

为理解并发的重要性，考虑一下需要大量计算或通信的服务器操作。例如，设想一个远程登录服务器，如果它不能并发运行，而是一次只能处理一个远程登录。一旦有一个客户与该服务器建立了联系，服务器必须忽略或拒绝后续的请求，直到第一个用户结束会话。很明显，这样的设计限制了服务器的使用，而且使得多个远程用户不能在同一时间访问某台计算机。

第 7 章讨论了并发服务器的算法和设计问题，还说明了它们的运行规则。第 9～13 章各说明了一个并发算法，更详细地描述了其设计，并提供了可以使用的服务器代码。本章的其余小节将集中讨论全书所要使用的术语和基本概念。

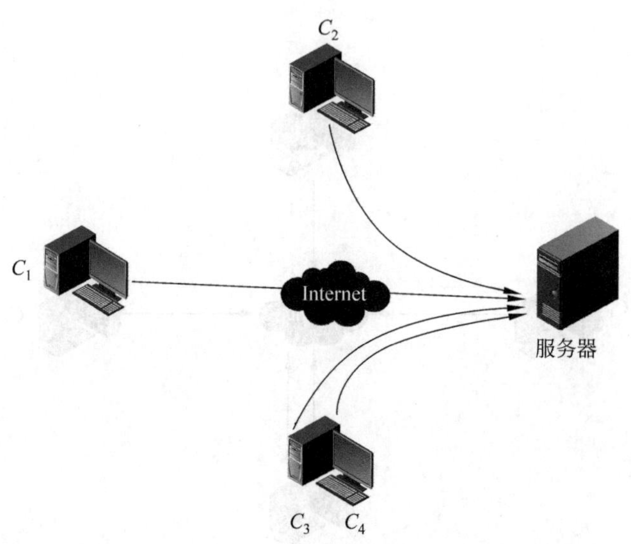

图 3-2 单个服务器并发地处理多个传入请求

3.4 并发术语

由于具有设计并发程序经验的程序员不太多，所以理解服务器中的并发还是有一定难度的。本节解释并发处理的基本概念，并说明操作系统是如何提供并发的。同时，还举了一些例子来说明并发，并定义了以后章节中要使用的术语。

3.4.1 进程概念

在并发处理系统中，进程(process)抽象定义了计算的基本单元。我们认为一个进程包括一段地址空间和至少一个执行的线程(thread)。线程最重要的信息是一个指令指针(instruction pointer)，它指明该进程正在执行的地址。其他与进程相关的信息包括拥有该进程的用户标识、正在执行的已编译的程序，以及进程的程序文本和数据区的存储器位置。

进程与程序不同，因为进程的概念只包括一个计算的活动执行，而不是程序的静态版本。在用户创建一个进程后，操作系统将程序的一个副本装入到计算机中，然后启动一个线程执行程序。具体地说，一个并发处理系统允许多个线程(一个进程中的多个线程或多个进程中的多个线程)"在同一时间"执行同一段代码。各个线程都按照各自的步调运行，各自在任意时刻开始或结束运行。因此，每个线程执行的代码位置可能各不相同。由于每个线程有其各自的指令指针，该指针将指出线程下一步将执行的指令，因此线程之间绝不会有任何冲突。

当然，对一个单处理器的体系结构来说，单个 CPU 在任一时刻只能执行一个线程。操作系统通过在所有正在执行的线程间快速切换 CPU，使得计算机看上去好像在同时执行多个计算。从观察者的角度看,许多线程像是在同时运行的。实际上,一个线程执行了一小段时间后,另一个线程接着执行一小段时间,如此反复。用并发执行(concurrent execution)这个术语来描述此做法,它的意思是"从表面上看是在同时执行"。在单处理器系统中由操作系统处理并发,而在多处理器系统中,所有的 CPU 可以同时执行多个线程。

有一点很重要:

> 程序员在构建并发环境中使用的应用程序时,并不知道底层的硬件是由一个处理器还是由多个处理器构成的。

3.4.2 局部和全局变量的共享

在一个并发处理系统中,常规的应用程序只是一种特例:它包括一段代码,而这段代码在某一时刻仅被一个线程执行。在其他方式上,线程的概念与程序(program)的一般概念不同。例如,大多数应用程序员认为程序中定义的变量是与代码放在一起的。然而,如果多个线程并发地执行这段代码,那么,每个线程就很有必要各自拥有这些变量的副本。为理解这样做的理由,考虑下面这段 C 语言代码,打印从 1~10 这几个整数:

```
for(i=1; i<=10;i++)
    printf("%d\n", i);
```

代码的循环部分使用了一个序号变量 i。在常规的程序中,程序员认为变量 i 的存储位置与代码在同一个地方。然而,如果有两个或多个线程并发地执行这个代码段,其中的某一个线程可能在第 6 次循环时,另一个线程才开始第 1 次循环。每个线程都应该各有一个变量 i 的副本,否则就会产生冲突。概括而言:

> 当多个线程并发地执行同一段代码时,对这段代码所涉及的变量,每个线程都应各有一份独立的副本。

进程模型将独立变量副本的做法扩大到了包含全局变量。例如,下面这个程序的开头部分就包含一个全局变量 x 的声明:

```
int x;
main(argc, argv)
    int argc;
    char * [] argv;
```

操作系统为每个执行程序的进程创建变量 x 的一个独立副本。但是,一个进程内的多个线程可以共享同一个副本。总结如下:

> 每个进程拥有全局变量的副本,如果多个线程在同一个进程内执行,则它们各自拥有局部变量的副本,但都可共享进程的全局变量副本。

3.4.3 过程调用

在像 Pascal 或 C 这样的面向过程的语言中，执行码可以包含子程序的调用（过程或函数）子程序接收参数、计算出结果，然后返回到调用点之后。如果多个线程并发地执行代码，同一时刻它们可能处于过程调用序列中的不同调用点上。一个线程 A 开始执行后调用某个过程，然后再调用第二级的过程，而这之后，另一个线程 B 才开始执行。当线程 B 从第一级过程返回时，线程 A 也许刚好从第二级调用返回。

面向过程编程语言运行时（run-time），系统使用一种栈（stack）机制来处理过程调用。每进行一次过程调用，运行时系统就将一个过程激活记录（procedure activation record）压入栈中。这个激活记录存储了发生过程调用的指令在代码中的位置等信息。当过程执行完，运行时系统从栈顶弹出激活记录并返回发生这个调用的过程。与局部变量相似，并发编程系统提供了运行线程的过程调用之间的分离。

当多个线程并发地执行一段代码时，每个线程拥有自己的过程激活记录运行时栈（run-time stack）。

3.5 一个创建并发进程的例子

3.5.1 一个顺序执行的 C 实例

下面的例子说明了在 UNIX 操作系统中的并发处理。从大多数计算的角度而言，编程语言的语法并不重要，它只用了几行代码。例如，下面的 C 代码是一段常规的 C 程序，该程序打印从 1～5 的整数以及它们的和：

```
/* sum.c—A conventional C program that sums integers from 1 to 5 */
#include<stdlib.h>
#include<stdio.h>
int sum;                              /* sum is a global variable */
main() {
        int i;                        /* i is a local variable */
        sum=0;
        for(i=1; i<=5; i++) {         /* iterate i from 1 to 5 */
            printf("The value of i is %d\n", i);
            fflush(stdout);           /* flush the buffer */
            sum+=i;
        }
        printf("The sum is %d\n", sum);
        exit(0);                      /* terminate the program */
}
```

当程序执行完后，产生 6 行输出：

```
The value of i is 1
The value of i is 2
The value of i is 3
The value of i is 4
The value of i is 5
The sum is 15
```

3.5.2 程序的并发版本

为在 UNIX 中创建一个新进程，程序要调用系统函数 fork。本质上说，fork 将运行着的程序分成为两个(几乎)完全一样的进程，每个进程都启动一个从代码的同一位置开始执行的线程。这两个进程中的线程继续执行，就像是两个用户同时启动了该应用程序的两个副本。例如，下面这段程序是 3.5.1 节中例子的一个修改版本，它调用 fork 创建一个新的进程(注意：尽管并发的引入彻底改变了程序的含义，但 fork 调用只占用了 1 行代码)。

```
#include<stdlib.h>
#include<stdio.h>
int sum;
main() {
        int i;
        sum=0;
        fork();                         /* create a new process */
        for(i=1; i<=5; i++) {
            printf("The value of i is %d\n", i);
            fflush(stdout);
            sum+=i;
        }
        printf("The sum is %d\n", sum);
        exit(0);
}
```

当某个用户执行这个并发版本的程序时，系统创建一个含单个线程的进程执行代码。然而，当线程执行到 fork 调用时，系统会复制这个进程，在新进程中创建一个线程，而且让原来的线程和新创建的线程继续执行。当然，每个线程都各自拥有一份程序所要使用的变量的副本。实际上，想象下一步的情况到底怎样，最简单的方法是设想系统建立了全部运行程序的第二份副本。然后，设想两个副本都在运行(就像两个用户都已同时执行了该程序)。概括而言：

> 可以这样理解 fork 函数，想象 fork 调用导致操作系统建立了执行程序的一份副本，并且允许两份副本同时执行。

在某个特定的单处理器系统上，并发例子程序执行后产生了 12 行输出：

```
The value of i is 1
The value of i is 2
The value of i is 3
The value of i is 4
The value of i is 5
The sum is 15
The value of i is 1
The value of i is 2
The value of i is 3
The value of i is 4
The value of i is 5
The sum is 15
```

在所使用的硬件平台上，第一个进程中的线程运行得如此之快，以至于在第二个进程中的线程开始执行前就能执行完毕。一个进程的所有线程都执行完毕后，操作系统将终止该进程。第一个进程终止后操作系统就将处理器切换到第二个进程中的线程，它开始执行直到完成。整个执行过程花了不到 1s。操作系统的开销主要在线程的切换、进程的终止以及系统调用的处理上，包括 fork 调用和写输出所用的调用，这两者所用的时间加起来不到全部时间的 20%。

3.5.3 时间分片

在这个例子程序中，每个线程在 5 次循环的过程中只执行了一些简单的计算。因此，一旦某个进程中的线程获得 CPU 的控制权，它很快就能执行完。思考执行更多计算的并发线程，就会发现一个有趣的现象：操作系统每次只将很小一段时间的 CPU 资源分配给一个线程使用，然后就将 CPU 资源转移给下一进程。使用时间分片(timeslicing)这一术语来描述多个并发线程共享可用 CPU 的系统。例如，如果一个分时系统只有一个 CPU 可供分配，而程序被分为两个线程，这时其中一个线程执行一段时间后，另一个线程也将执行一段时间，接着，第一个线程又将执行，如此反复。如果该分时系统有很多线程，在第一个线程再一次执行之前，每个线程都将执行一小段时间。

时间分片机制试图在所有线程间平均分配可用的处理器资源。如果只有两个线程等待执行而计算机只有一个处理器，那么，这两个线程将各自获得大约 50%的 CPU 处理时间。如果某个单处理器计算机上有 N 个线程等待执行，那么每个线程将各自获得大约 $1/N$的 CPU 处理时间。因此，不管有多少个线程在执行，所有线程都好像是以相等的速率推进。当有很多线程执行时，速率很低；而只有很少线程执行时，速率就很高。

下面举一个例子来说明时间分片的效果，该程序中的每个线程的执行时间要比一个分配的时间片长。将以上并发程序中的循环次数由 5 次扩大到 10 000 次，得到如下程序：

```
#include<stdlib.h>
#include<stdio.h>
```

```
int sum;
main() {
        int i;
        sum=0;
        fork();
        for(i=1; i<=10000; i++)    {
            printf("The value of i is %d\n", i);
            fflush(stdout);
            sum+=i;
        }
        printf("The total is %d\n", sum);
        exit(0);
}
```

当这个并发程序在同样的系统上执行后，它会产生 20 002 行输出。然而，这时并不是所有来自第二个线程的输出都跟在第一个线程的输出后面，而是来自两个线程的输出相互混杂到一起了。在一次运行中，第一个线程循环了 74 次后，第二个线程才开始执行。接着，在第二个线程循环 63 次后，系统又切换回第一个线程。在接下来的时间片中，每个获得足够 CPU 时间的线程执行的循环次数在 60～90。当然，这两个线程要与运行在该计算机上的其他线程竞争使用 CPU，因此，随着系统正在运行之程序的数目的不同，进程看上去的执行速率也不同。

3.5.4 单线程的进程

虽然我们知道一个进程可包含多个执行的线程，fork 不能复制该进程中的所有线程。在 fork 创建一个运行进程的副本时，新进程只含有一个线程——执行 fork 的那个线程。因此，新创建的进程称为单线程的进程。

事实上，单线程的进程很普通。例如，当用户调用一个命令时，会产生一个单线程的进程。操作系统的 shell 在执行一个命令时只创建一个进程，该进程只启动一个线程执行命令。因此，除非程序员明确创建多个线程，否则每个进程都是单线程的。要点如下：

> 虽然一个进程可以包含多个线程，但是 fork 调用新创建的进程都是单线程的。

3.5.5 使各进程分离

至此，我们已知道 fork 可以用来创建新进程，这个新进程与原来的进程执行完全相同的代码，而且代码中的变量值也是相同的。为运行的程序创建一个完全一样的副本既没有意思也没有用处，因为这意味着两个副本执行完全一样的计算。在实际使用中，由 fork 创建的进程并不与原来的进程完全相同：在一个小细节上它们是不同的。fork 是个函数，要向它的调用者返回一个值。当这个函数调用返回时，返回给原来进程的值与返回给新创建进程的值是不同的。在新创建的进程里，fork 返回零；在原来的进程里，fork 返回一个小的正整数来标识新创建的进程。从技术角度而言，这个返回值称为进程标识符(process identifier)或进程 ID。

并发程序利用 fork 的这个返回值决定如何继续运行。在最常见的情况下，代码中包含一个测试返回值是否非零的条件语句。

```
#include<stdlib.h>
int sum;
main() {
        int pid;
        sum=0;
        pid=fork();
        if(pid !=0) {           /* original process */
           printf("The original process prints this.\n");
        }
        else {                  /* newly created process */
           printf("The new process prints this.\n");
           }
           exit(0);
}
```

在以上的例子代码中，变量 pid 记录了调用 fork 返回的值。不要忘记，对所有变量，每个进程都有其副本，fork 或者返回零(在新创建的进程中)，或者返回非零值(在原来的进程中)。在调用 fork 之后，if 语句检查变量 pid 的值，从而判断正在执行的进程是原来的进程还是新创建的进程。这两个进程各自打印一条标识消息并退出。因此在程序运行时会出现两条消息：一条来自原来的进程，一条来自新创建的进程。概括而言：

> *在原来的进程和新创建的进程里，fork 所返回的值是不同的；并发程序利用这个区别让新进程执行与原来进程不一样的代码。*

3.6 执行新的代码

UNIX 系统提供了一种机制，这种机制允许任一进程各自执行一个独立编译的程序。此机制含有一个系统调用 execve，它带有三个参数：一个文件名，文件中包含一个可执行对象程序(即一个已编译过的程序)；一个字符串参数数组的指针，以及一个字符串数组的指针，这些字符串构成了所谓的环境(environment)。

execve 用新程序的代码来替代当前正在执行的进程所运行的代码。这个调用不影响任何其他的进程。因此，一个进程必须调用 fork 和 execve，才能让新创建的进程执行从某个文件得到的目的代码。例如，只要用户在任何一个可用的命令解释器中输入一个命令，此命令解释器就使用 fork 为此命令创建一个新的进程，同时使用 execve 来执行此代码。

对于需要处理不同服务的服务器来说，execve 就特别重要。只要把每一种服务的代码和其他服务的代码分开，程序员就能将每一种服务作为一个独立的程序来构建、编写和编译。当服务器需要处理一个特殊的服务时，它就使用 fork 和 execve 来创建一个进程，并运行其中的一个程序。以后的几章将更详细地讨论这一概念，并列举一些服务器怎样使用 execve 的例子。

3.7 上下文切换和协议软件设计

尽管操作系统所提供的这些并发处理机制使程序的功能更强并且更易于理解，但它们确实有一些计算开销。为保证所有线程并发执行，操作系统采用了时间分片机制，在线程间非常快速地切换 CPU(或多个 CPU)，以至于看起来这些线程像是在同时执行。

当操作系统暂时停止执行某个线程而切换到另一个线程时，会发生上下文切换(context switch)：在同一个进程内的多个线程间切换上下文的开销比不同进程中的线程间切换的开销少一些。不管哪种情况，线程间切换上下文都要使用 CPU，而且在 CPU 正忙于切换时，任何应用线程都不能得到任何服务。因此，把上下文切换看成支持并发处理所付出的代价。

为避免不必要的开销，设计协议软件时应设法将上下文切换的次数减到最少。特别是，程序员必须要多加留意，保证在服务器中引入并发处理所带来的好处比上下文切换的开销多。下面的章节讨论在服务器软件中的并发用法，既提供了非并发设计，也有使用单线程的进程的并发设计，以及使用多线程的进程的并发设计。另外，还描述了每种设计所适用的环境。

3.8 并发和异步 I/O

除了对并发使用 CPU 提供支持外，一些操作系统还允许单个应用线程启动，并控制并发的输入和输出操作。select 提供了一个基本的操作，围绕着这个系统调用，程序员可以构建管理并发 I/O 的程序。从原理上说，select 很容易理解：它允许一个程序询问操作系统哪个 I/O 设备已准备就绪。

举一个例子，设想一个应用程序从一个 TCP 连接读取字符，并将这些字符写到显示屏上去。这个程序可能还允许用户从键盘输入命令，控制数据如何显示。因为用户很少(或者从来不)输入命令，程序不能等着从键盘来的输入，它必须连续地从 TCP 连接中读取文本并加以显示。然而，如果程序试图从 TCP 连接中读取数据而连接中却没有任何数据，程序将会阻塞。在程序等待 TCP 连接上的输入数据而被阻塞时，用户可能会输入命令。问题是程序不可能知道输入的数据是先从键盘来还是先从 TCP 连接来。为了解决这个问题，程序可以调用 select，并为两个输入来源指定相应的描述符。然后，程序可以询问操作系统，了解两个输入源谁能够先使用。当某个输入源就绪后，select 调用立即返回，程序就可以从这个输入源中读取数据了。此处只需要理解 select 的含义，在下面的章节中会详细说明它的用法。

3.9 小结

并发是 TCP/IP 程序的基础，因为它使用户不必一个等着一个地接受服务。多个客户中的并发很容易发生，因为多个用户可以在同一时间执行客户应用软件。然而，实现服务器中的并发就困难多了，服务器软件必须通过编程来并发地处理请求。

在 UNIX 操作系统中，一个程序使用系统调用 fork 来创建新的进程。人们调用 fork 会使操作系统复制程序，使第二个进程中新创建的线程和原来进程中的线程执行同样的程序。从技术角度看，fork 是个函数调用，因为它返回一个值。原来的进程和由 fork 创建的进程间的唯一区别就是这个调用所返回的值不同。在新创建的进程中，该调用返回零；而在原来的进程中，它返回一个小的正整数，即新创建进程的进程 ID。并发程序可利用这个返回值使新创建的进程执行与原来的进程不同的程序。一个进程可以调用 execve 使进程执行一段独立编译的程序代码。

并发并非不用付出代价。当操作系统从一个进程切换上下文到另一个进程时，系统要使用 CPU 在服务器设计中引入并发的程序员必须保证：并发设计所带来的好处要超过由于上下文切换所引起的额外开销。

select 调用允许单个进程管理并发 I/O。进程使用 select 来查明哪个 I/O 设备首先就绪。

许多关于操作系统的教材描述了并发处理。Galvin 和 Silberschatz 于 1999 年全面地描述了一般性的问题；Comer 在 1984 年讨论了进程的实现、报文传递以及进程协调机制，Leffler 等在 1989 年描述了 4.3 BSD UNIX，在此基础上派生出了一些新系统，如 Linux 操作系统。

习题

3.1 在你的本地计算机系统上运行例子程序，在一个时间片内，一个线程大约可以执行多少次输出循环？

3.2 编写一个启动五个进程的并发程序，让每个进程中的线程打印几行输出，然后停止。

3.3 阅读 POSIX 线程原语，编写一个在单个线程内创建五个线程的程序。再编写一个创建五个独立进程执行同样任务的程序。比较两个程序的运行时间。将两种并发的开销之差表示为三个参数的函数：全局变量数、局部变量数和线程的执行时间。

3.4 看看其他操作系统如何创建并发进程/线程。

3.5 进一步阅读 fork 函数的说明。新创建的进程与原来的进程共享哪些信息？

3.6 编写一个程序，使用 execve 来改变一个进程所执行的代码。

3.7 编写一个程序，使用 select 从两个终端（串行线）读取数据并将结果显示在屏幕上，每个结果用标号标明数据的来源。

3.8 就 3.7 题重写一个程序，不使用 select。哪个版本更易理解？哪个版本效率更高？哪个版本更易于彻底地终止？

第 4 章　网络编程协议的程序接口

4.1　引言

前面 1～3 章描述了进行通信的程序间交互的客户-服务器模型，还讨论了并发性和通信之间的关系。本章将考虑在客户-服务器模型中，应用程序间通信接口的一般特征。第 5 章则通过详细介绍一种特定接口来说明这些特性。

4.2　不精确指明的协议软件编程接口

在多数实现中，TCP/IP 软件驻留在计算机的操作系统中。因此，只要应用程序使用 TCP/IP 通信，它就必须与操作系统交互并请求其服务。从程序员的观点看，操作系统所提供的那些例程定义了应用程序和协议软件之间的接口，即应用程序接口 API。

TCP/IP 被设计成能运行在多厂商的环境之中。为了与各种不同的计算机保持兼容，TCP/IP 的设计者们都尽量避免使用任何一家厂商的内部数据表示。另外，TCP/IP 标准还尽量避免让接口使用那些只在某一家厂商的操作系统中可用的特征，因此，TCP/IP 和其应用程序之间的接口是不精确指明的(loosely specified)。换言之：

> TCP/IP 标准没有规定应用软件与 TCP/IP 软件如何接口的细节；这些标准只建议了所需的功能集，并允许系统设计者选择有关 API 的具体实现细节。

对协议接口使用不精确的指明，有优点也有缺点。从好的方面说，它提供了灵活性和容错能力。它允许设计者使用各种操作系统实现 TCP/IP，这里的操作系统可以是个人计算机中所提供的最简单的系统，也可以是超级计算机所使用的很复杂的系统。更重要的是，它意味着设计者既可以使用过程的接口方式，也可以使用消息传递的接口方式(最适合其所用的操作系统的方式)。从坏的方面说，不精确的指明意味着，设计者可以使得不同操作系统中接口的实现细节有所不同。当厂商增加了与现有 API 不同的新接口时，应用编程就会更困难，应用程序在不同计算机间的移植性更差。因此，尽管系统设计者偏爱不精确指明，但应用程序员却期望有一个受限制的规范，因为这样就可使应用不用改变即可在新计算机上编译。

实际上，目前只有几种可供应用程序使用 TCP/IP 的 API。加利福尼亚大学伯克利分校(Berkeley)为 UNIX 操作系统定义了一种 API，后来的一些系统(包括 Linux 操作系统)也采用了这种 API，该 API 称为套接字接口(socketinterface)或者套接字。Microsoft 在其操作系统中采用了套接字接口，套接字 API 的这种变形称为 Windows socket。AT&T 为其 UNIX 操作系统 V(System V)定义了一种 API，简写为 TLI。此外还定义了几种 API，但都还没有获得普遍接受。

4.3 接口功能

尽管 TCP/IP 没有定义一种应用程序接口，但标准确实对接口所需要的功能提出了建议。接口必须支持如下概念性操作：

- 分配用于通信的本地资源；
- 指定本地和远程通信端点；
- (客户端)启动连接；
- (客户端)发送数据；
- (服务器端)等待连接到来；
- 发送或接收数据；
- 判断数据何时到达；
- 产生紧急数据；
- 处理到来的紧急数据；
- 从容终止连接；
- 处理来自远程端点的连接终止；
- 异常终止通信；
- 处理错误条件或连接异常终止；
- 连接结束后释放本地资源。

4.4 概念性接口的规范

TCP/IP 标准并非让实现者得不到有关 API 的任何帮助。它们为 TCP/IP 指明了一个概念性接口(conceptual interface)，其作用是提供示例。由于多数操作系统使用过程机制把控制权从应用程序传送给系统，所以该标准把这个概念性接口定义为一组过程和函数。该标准还提出了每个过程或函数所要求的参数以及它们所执行操作的语义。例如，TCP 标准讨论了 send 过程，并列出了它的参数，应用进程为在已有的 TCP 连接上发送数据必须提供这些参数。

概念性操作的定义很简单：

> TCP/IP 标准定义的概念性接口并不指明数据的表示或编程的细节；它仅仅提供了一种可能的 API 的例子，操作系统可将此 API 提供给使用 TCP/IP 的应用程序。

因此，这种概念性的接口并未精确说明应用进程如何与 TCP/IP 进行交互。由于它没有精确描述细节，操作系统的设计者就可以自由选择其他的过程名或参数，只要它们能提供相同功能就行。

4.5 操作系统调用

图 4-1 说明了系统调用机制，大多数操作系统使用这种机制在应用程序和提供服务的操作系统之间传递控制权。对程序员来说，系统调用无论看上去还是行为上都像是函数调用。系统调用的行为与其他函数调用相似，只是系统调用将控制权传给了操作系统。

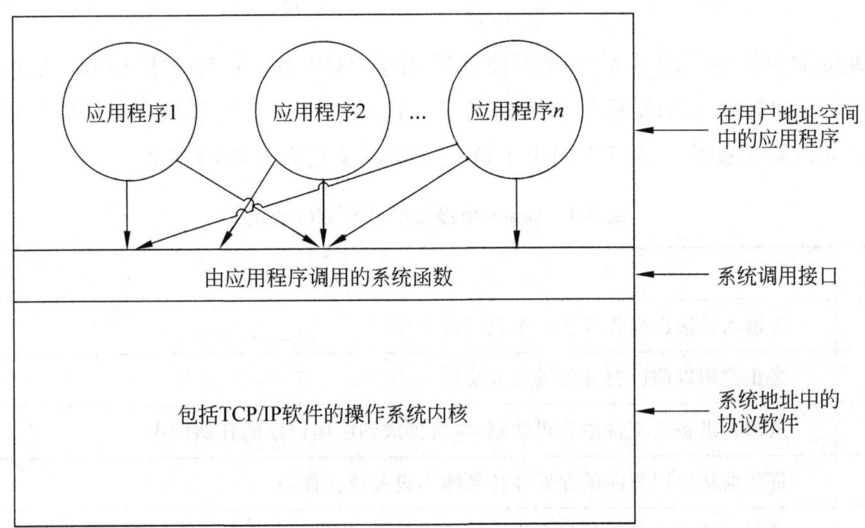

图 4-1 多个应用程序通过系统调用接口与 TCP/IP 软件进行交互

如图 4-1 所示，当某个应用程序启动系统调用时，控制权从应用程序传递给了系统调用接口。此接口又将控制权传递给操作系统。操作系统将此调用转给某个内部过程，该过程执行所请求的操作内部过程一旦完成，控制权通过系统调用接口返回给应用程序，然后应用程序将继续执行。从本质上说，只要应用程序需要从操作系统获得服务，执行这个应用程序的进程就将控制转给操作系统执行必要的操作后就返回。由于进程要通过系统调用接口，它需要一定的特权，从而允许它读取或修改操作系统中的数据结构。然而，由于每个系统调用都会将控制转给一个由操作系统设计者所写的过程，操作系统还是要被保护的。

4.6 网络通信的两种基本方法

由于操作系统的设计者们把协议软件安装在操作系统中，他们就必须选择一组过程来访问 TCP/IP。实现方法有两种：

- 设计者发明一组新的系统调用，应用程序用它们来访问 TCP/IP；
- 设计者使用一般的 I/O 调用访问 TCP/IP。

对第一种方法，设计者列举出所有的概念性的操作，为每个操作指定一个名字和参数，并分别把它们实现为一个系统调用。由于许多设计者认为，除非绝对必要，创建新的系统调用并不明智，所以这种方法很少采用。对第二种方法，设计者使用一般的 I/O 原语，但他们扩充了这些原语，使其既可用于网络协议，又可用于一般的 I/O 设备。当然，许多设计者选择了一种混合的方法，即尽可能地使用基本的 I/O 功能，但对那些不能常规表达的操作则增加其他的函数。

4.7 Linux 中提供的基本 I/O 功能

为理解如何扩展一般的系统调用使其适用于 TCP/IP，考虑一下 Linux 基本的 I/O 功能。Linux 和其他 UNIX 操作系统提供了一组(6 个)基本的系统函数，用来对设备或文件进行输入输出操作。表 4-1 列出了这些操作以及它们通常的含义。

表 4-1　Linux 中提供的基本 I/O 功能

操作	含　义
open	为输入或输出操作准备一个设备或文件
close	终止使用以前已打开的设备或文件
read	从输入设备或文件中获得数据，将数据放到应用程序的存储器中
write	将数据从应用程序的存储器传到输出设备或文件中
lseek	转到文件或设备中的某个指定的位置(此操作仅用于文件或类似磁盘的设备)
ioctl	控制设备或用于访问该设备软件(例如，指明缓存的大小或改变字符集的映射)

当应用程序调用 open 来启动输入或输出时，系统返回一个小整数，称为文件描述符(file descriptor)，此应用程序在以后的 I/O 操作中会使用它。调用 open 带有三个参数：要打开的文件或设备的名字；一组位标志(bit flag)，用来控制一些特殊的情况(例如，若文件不存在，是否要创建文件)；一个访问模式，它为新创建的文件指定读写保护。例如，代码段：

```
int desc;
desc=open("filename", O_RDWR, 0);
```

打开一个现有的文件 filename，模式是既允许读又允许写。在获得了整数描述符 desc 后，应用程序在以后对这个文件的 I/O 操作中将使用这个标识符。例如，语句：

```
read(desc, buffer, 128);
```

从文件中读取 128B 的数据并写入数组 buffer 中。

最后，当一个应用进程结束使用一个文件时，它将调用 close 来撤销标识符并释放相关的资源(例如，内部缓存)：

```
close(desc);
```

4.8 将 Linux I/O 用于 TCP/IP

当设计者们把 TCP/IP 加入到 UNIX 操作系统时,他们扩展了传统的 UNIX I/O 设施。首先,他们扩展了文件描述符集,使应用进程可以创建能被网络通信所使用的描述符。其次,他们扩展了 read 和 write 这两个系统调用,使其既可以与网络标识符一起使用,又可以与普通的文件标识符一起使用。这样,当应用进程需要通过 TCP 连接发送数据时,它就创建相应的标识符,并使用 write 传输数据。

然而,并非所有的网络通信都很容易套用这种 UNIX 的 open-read-write-close 范例。应用进程必须指明本地和远端的协议端口,远程 IP 地址,还有将使用 TCP 还是 UDP,以及它是否要启动传输还是要等待传入连接(即它要作为客户还是要作为服务器)。如果应用进程是服务器,它必须指明在拒绝请求之前,可以接受多少传入连接请求被操作系统排队。此外,如果应用进程选择使用 UDP,它必须能传输 UDP 数据报,而不仅仅是字节流。套接字 API 的设计者提供了一些额外功能来适应这些特殊情况。在 Linux 操作系统中,与早期的 UNIX 操作系统一样,通过增加一些新的操作系统的系统调用来实现这些额外的功能。在第 5 章中将说明设计的细节。

4.9 小结

由于 TCP/IP 是为多厂商环境设计的,协议标准没有精确指明应用程序使用的接口,并允许操作系统的设计者自由选择如何来实现这个接口。标准确实也讨论了概念性的接口,但它仅仅是作为一种说明性的示例。尽管这些标准把这种概念性接口定义为一组过程,但设计者可以自由选择不同的过程,或者干脆使用一种完全不同的交互风格(例如,消息传递)。

操作系统往往通过一种叫作系统调用接口的机制提供服务。当在系统中增加对 TCP/IP 的支持时,设计者们试图通过尽可能地扩展已有系统调用的功能,减少新增加的系统调用的数量。然而,由于网络通信所要求的一些操作不容易套用通常的 I/O 过程,大多数 TCP/IP 的接口还是需要几个新的系统调用。

Linux 程序员手册(Programmer's Manual)的第 2 部分详细描述了每个套接字调用,第 4 部分详细描述了协议和网络设备接口。AT&T 公司在 1989 年定义了 AT&T 的 TLI 接口,它是 UNIX 系统 V 中所使用的套接字的替代品。

习题

4.1 考察一种提供消息传递的操作系统。你将如何扩展应用程序接口使其适用于网络通信?

4.2 比较 Berkeley UNIX 的套接字接口和 AT&T 的 TLI 接口。它们的主要区别是什么?它们有哪些相似点?有什么理由会使设计者选择某个设计方案而不是另一个?

4.3　有些硬件的体系结构把可能的系统调用的数量限制在一个很小的数量上(例如,64 个或 128 个)。在你的本地操作系统中,指派了多少个系统调用?

4.4　考虑 4.3 题中所讨论的硬件对系统调用数量的限制。系统设计者如何创建操作系统才能在其中增加新的系统调用而不改变硬件?

4.5　看看命令解释器脚本(shell script)如何使用设备(例如,/dev/tep)用作 TCP 的 API。写出脚本的例子。

4.6　看看 Perl 脚本语言。Perl 提供了什么 API,从而允许脚本使用 TCP/IP。

第5章　接口实现——套接字API

5.1　引言

第4章描述了应用程序和TCP/IP软件之间的接口，还说明了在大多数系统中如何使用系统调用机制，将控制权传送给操作系统中的TCP/IP软件。还回顾了UNIX所提供的6个基本I/O函数：open、close、read、write、lseek和ioctl。本章将详细描述套接字API，并说明这些函数是如何与UNIX I/O函数集成到一起的。还涉及一些通用概念，并给出每个调用的使用方法。后面几章将说明客户和服务器是怎样使用这些调用的，并提供了一些说明许多细节的例子。

5.2　Berkeley套接字

在20世纪80年代早期，远景研究规划局(Advanced Research Projects Agency，ARPA)资助了加利福尼亚大学伯克利分校的一个研究组，让它们将TCP/IP软件移植到UNIX操作系统中，并将结果提供给其他网点。作为项目的一部分，设计者们创建了一个接口，应用进程使用这个接口可以进行通信。他们决定，只要有可能就使用已有的系统调用，对那些不能方便地使用已有函数集的情况，再增加新的系统调用以支持TCP/IP功能。这样就出现了套接字API (socket API)或套接字接口，这个系统被称为Berkeley UNIX或BSD UNIX。TCP/IP首次出现于BSD 4.1版本(release 4.1 of Berkeley Software Distribution)；本书所描述的套接字函数来自BSD 4.4版本。

由于许多计算机厂商，尤其是像Sun Microsystem、Tektronix及Digital这样的工作站制造商，采用了Berkeley UNIX，于是在许多计算机上都可以使用套接字接口。这样，套接字接口就已被广泛采用，以至于成为事实上的标准。微软公司也接受了这个标准，并为其操作系统开发了一个相应的实现版本。另外，Linux操作系统也使用了套接字。

5.3　指明一个协议接口

在考虑如何在操作系统中增加功能，使应用程序能够访问TCP/IP软件时，设计者们必须为函数选择名字，并指明每个函数所带的参数。为此，他们要决定各函数所提供的服务范围，以及应用进程以何种方式来使用它们。设计者们还必须考虑，是让这个接口专门针对TCP/IP，还是使它能为其他协议所用。因此。设计者们必须在下列两种方法中选择一个：

- 定义专门支持TCP/IP通信的一些函数；
- 定义支持一般网络通信的函数，用参数使TCP/IP通信作为一种特例。

这两种方法的不同之处是很容易理解的，它们会影响到系统函数的名字以及这些函数所要求的参数。例如，对第一种方法，设计者可能会把一个系统函数取名为 maketcpconnection；而对第二种方法，设计者也许会创建一个一般性的函数 makeconnection 并使用一个参数来指明使用 TCP。

由于 Berkeley 的设计者想使接口适合多种通信协议，所以使用了第二种方法。实际上，纵观整个设计，他们提供了超出 TCP/IP 之外的通用性。他们允许使用多种协议族(family)，而把所有 TCP/IP 协议表示为单个族(PF_INET 族)。他们还决定，让应用程序使用所要求的服务的类型(type of service)来指明操作，而不是指明协议名。因此，应用程序不是去指明它需要一个 TCP 连接，而是要求使用 Internet，协议族的流传送(stream transfer)类型的服务，可作如下概括：

> 套接字 API 提供了许多综合的功能，这些功能支持使用众多可能的协议进行网络通信。套接字调用把所有 TCP/IP 看作一个单一的协议族。这些调用允许程序员指明所要求的服务而不是指明某个特定协议的名字。

套接字的整个设计以及它们所提供的通用性从一开始就受到议论。一些计算机科学家认为，通用性是没有必要的，这只能使应用程序难于阅读。而另一些人则认为，让程序员指明服务的类型而不是指明协议，可使编程容易，因为这样做使程序员免于了解各种协议族的细节。最后，一些 TCP/IP 的商业厂商则强调更喜欢其他接口，因为，除非有了源代码，套接字不能加到操作系统中，而源代码往往需要一个特定的许可证以及附加的费用。

5.4 套接字的抽象

5.4.1 套接字描述符和文件描述符

执行 I/O 的应用程序需要调用 open 函数，才能创建用于访问文件的文件描述符。如图 5-1 所示，操作系统将这些文件描述符实现为一个指针数组，这些指针指向内部的数据结构。系统为每个进程维护一个单独的文件描述符表。当一个进程打开某个文件后，系统就将一个指针(指向此文件的内部数据结构)写入进程的文件描述符表，并将这个表的下标返回给调用者，应用程序只须记住这个描述符，就可在以后要求对此文件进行操作的调用中使用该描述符。操作系统将此描述符作为该进程文件描述符表的下标来使用，并沿着指针可找到那个保存文件所有信息的数据结构。

套接字接口为网络通信增加了一个新的抽象，即套接字。就像文件一样，每个活动的套接字由一个小整数标识，称为套接字描述符。操作系统在与文件描述符相同的描述符表中分配套接字描述符。因此，一个应用进程不能拥有具有相同值的文件描述符和套接字描述符。

操作系统还有一个单独的系统函数 socket，应用程序调用它来创建套接字。应用进程只使用 open 来创建文件描述符。套接字中所蕴涵的一般性的概念：单个系统调用对

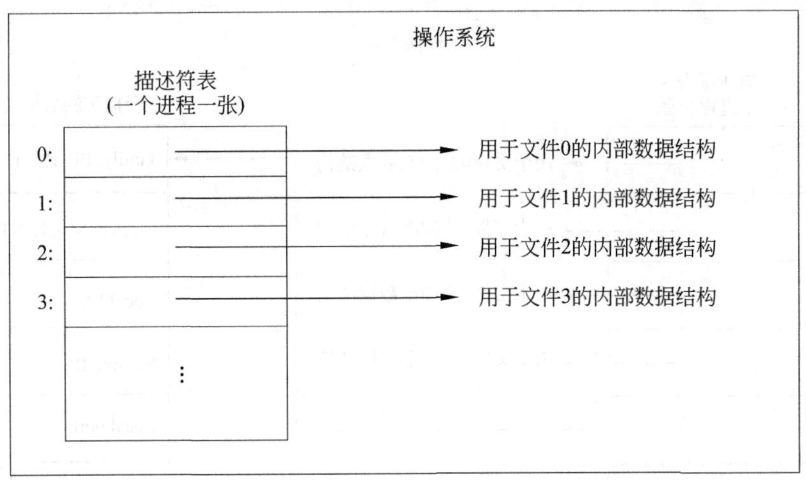

图 5-1 每个进程(per-process)的文件描述符表

创建任何套接字都是足够的。套接字一旦创建后,应用程序必须用其他的系统调用来指明准确使用此套接字的细节。在研究了系统所维护的数据结构后,这个范例将变得更清晰。

5.4.2 针对套接字的系统数据结构

了解套接字抽象最简单的方法是想象一下操作系统中的数据结构。当应用进程调用 socket 后,操作系统就分配一个新的数据结构以便保存通信所需的信息,并在文件描述符表中填入了一个新的条目,该条目含有指向这个数据结构的指针。例如,图 5-2 说明了在调用 socket 后,图 5-1 中的描述符表会发生的变化,系统为 socket 和其他 I/O 使用同一个描述符表。在本例中,socket 调用的参数指明协议族为 PF_INET,服务类型为 SOCK_STREAM。

尽管针对套接字的内部数据结构含有许多字段,在系统创建了套接字后,大多数字段中的值并没有填上。正如将看到的,在套接字能够被使用前,创建该套接字的应用程序必须用其他系统调用把套接字数据结构中的这些信息填上。

5.4.3 主动套接字或被动套接字

套接字一旦创建,应用程序必须指定如何使用它,套接字本身是完全通用的,可以用来进行任意方式的通信。例如,服务器可以将套接字配置为等待传入连接,而客户可以将其配置为发起连接。

如果服务器将套接字配置为等待传入连接,就称此套接字为被动(passive)套接字;反之,客户用来发起连接的套接字就称为主动(active)套接字。其要点如下:

> 主动套接字和被动套接字的唯一不同在于应用使用它们的方式;两种套接

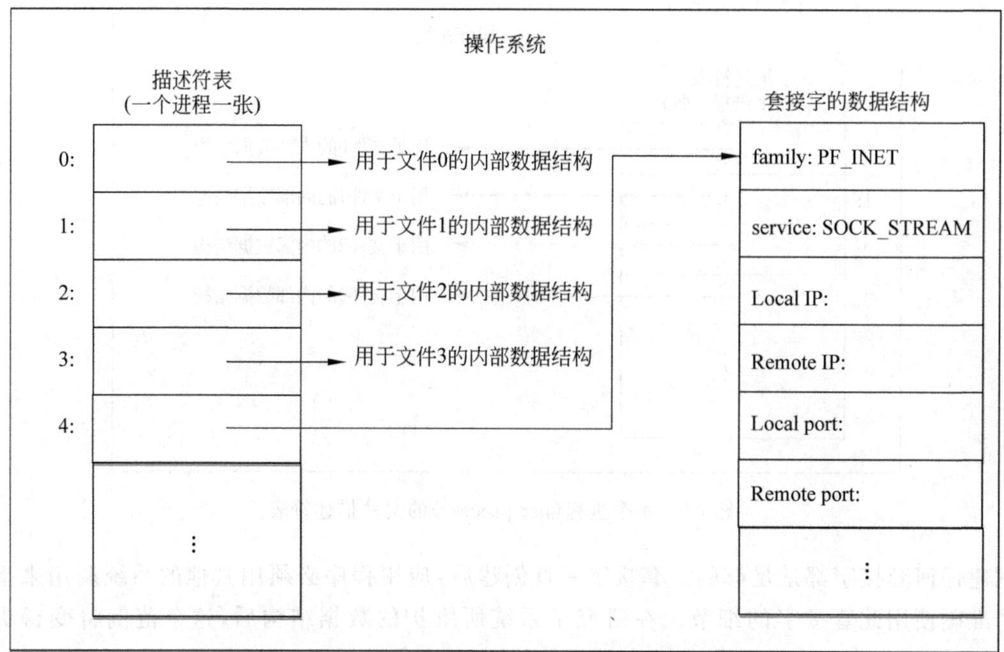

图 5-2　在调用 socket 后,操作系统的概念性的数据结构

字最初的创建方式是相同的。

5.5　指明端点地址

在创建套接字时,并没有包含如何使用这个套接字的信息。具体地说,套接字并没有包含本地/远程计算机的协议端口号或者 IP 地址等信息。在应用进程使用一个套接字之前,它必须指明这些地址中的一个或者两个都指明。

TCP/IP 定义了通信端点,它包括 IP 地址和协议端口号。其他协议族按照各自的方式定义端点地址。由于套接字抽象适用于多种协议族,所以它既没有指明如何定义端点地址,也没有定义一种特定的协议地址格式,而是改为允许每个协议族随其所愿地指明端点。

为允许协议族自由地选择其地址表示方式,套接字抽象为每种类型的地址定义了一个地址族。一个协议族可以使用一种或者更多的地址族来定义地址表示方式。TCP/IP 各协议都使用一种单一的地址表示方式,其地址族用符号常量 AF_INET 表示。

实际上,TCP/IP 协议族(表示为 PF_INET)和它所使用的地址族(表示为 AF_INET)引起了很大的混淆。主要问题:这两个符号常量都有相同的数字值(2),在程序中,本应使用某一个常量的时候却不慎用了另一个,而程序却能正确运行。甚至在最初 Berkeley UNIX 源代码中也含有这种误用。程序员应当注意到这个区别,这有助于澄清变量的意义并使程序更易移植。

5.6 类属地址结构

某些软件要使用协议地址，但它们不知道每种协议族定义其地址表示的细节。例如，可能有必要编写这样一个过程，它可以接受任意的协议端点说明，将它作为一个参数，并按照地址的类型在各种可能的动作中选择一个合适的动作。为适合这种程序，套接字系统定义了一般化的格式，它可以为所有端点地址使用。这种一般化的格式构成如下：

(地址族，该族中的端点地址)

在这里，地址族(address family)字段包含一个常量，它表示预定义的地址类型。端点地址(endpoint address)字段包含有端点地址，它使用地址族所指明的那种地址类型的标准表示方式。

实际上，套接字软件为地址端点提供了预定义的 C 结构的声明。应用程序在需要声明存储端点地址的变量时，或要使用某种重叠来覆盖结构中的某个字段时，就要使用这种预定义的结构。最一般的结构是 sockaddr 结构，它包含一个占 2B 的地址族标识符，还有一个占 14B 的数组存储地址：

```
Struct sockaddr {                /* struct to hold an address */
    u_char sa_len;               /* total length */
    u_short sa_family;           /* type of address */
    char sa_data[14];            /* value of address */
};
```

并不是所有的地址族都定义了适合这种 sockaddr 结构的端点。例如，某些 UNIX 定义了 AF_UNIX 地址族，它说明了一个地址族，程序员称其为命名管道(named pipe)。AF_UNIX 族中的端点地址由文件系统路径名构成，这个路径名可以比 14B 长得多。这样，应用程序就不能在变量声明中使用 sockaddr 结构了，因为声明为 sockaddr 类型的变量不能装下所有的可能的地址。

因为 sockaddr 结构适合于 AF_INET 族中的地址，这在实际当中常常引起混淆。于是，甚至在程序员把变量声明为 sockaddr 类型时，TCP/IP 软件也能正确工作。然而，为使程序可移植和可维护，TCP/IP 代码不能在声明中使用 sockaddr 结构。这种结构只能用于覆盖，而且代码只能引用该结构中的 sa_family 字段。

使用套接字的每个协议族都精确地定义了它的端点地址，套接字软件还提供了相应的结构声明。每个 TCP/IP 端点地址由下列字段构成：一个用来识别地址类型的 2B 字段(必须包含 AF_INET)，一个 2B 的端口号(port number)字段，一个 4B 的 IP 地址字段，一个还未使用的 8B 字段。预定义的结构 sockaddr_in 指明了这种格式：

```
Struct sockaddr_in {             /* struct to hold an address */
    U_char sin_len;              /* total length */
    U_short sin_family;          /* type of address */
    U_short sin_port;            /* protocol port number */
```

```
    Struct in_addr sin_addr;      /* IP address (declared to be u_long on some
                                     systems) */
    char sin_zero[8];            unused (set to zero) */
};
```

只使用 TCP/IP 的应用程序可以只使用 sockaddr_in 结构;它不需要使用 sockaddr 结构。以上要点总结如下:

> 当表示一个 TCP/IP 通信端点时,应用程序使用结构 sockaddr_in,该结构包含 IP 地址和协议端口号。在编写使用混合协议的程序时,程序员一定要注意,因为有些非 TCP/IP 的端点地址要求一个更大的结构。

5.7 套接字 API 中的主要系统调用

套接字调用可以分为两组:主调用(primary call)提供对下层功能的访问;实用例程(utility routine)为程序员提供帮助。本节描述这些调用,它们提供客户和服务器所需要的主要功能。

套接字系统调用的细节、参数及其语义,都是不可避免的。这很复杂,因为套接字带有一些参数,这些参数允许程序以许多方式使用它们。套接字可以被客户或服务器使用,可以使用 TCP 通信或 UDP 通信,以及特定的远程端点地址(往往为客户所使用)或非特定的远程端点地址(往往为服务器所使用)。

为帮助了解套接字,我们将以考察套接字的主调用开始,并描述简单的客户和服务器如何使用这些调用与 TCP 进行通信。在以后的每章中,我们都会讨论一种套接字的使用方式,并进行具体的说明。

5.7.1 socket 调用

应用程序调用 socket 函数创建一个新的套接字,这个新的套接字可以用于网络通信。该调用返回这个新创建的套接字描述符。该调用的参数指明应用程序将使用的协议族(例如,TCP/IP 使用 PF_INET)、协议,或者它所需要的服务类型(即流(stream)或数据报)对一个使用 Internet 协议族的套接字,其协议或服务类型参数决定了它将使用 TCP 还是使用 UDP。

5.7.2 connect 调用

在创建了一个套接字后,客户程序调用 connect 以便同远程服务器建立主动的连接。connect 的一个参数允许客户指明远程端点,它包括远程计算机 IP 地址以及协议端口号。一旦连接建立,客户就可通过它传送数据了。

5.7.3 send 调用

客户和服务器都使用 send 在 TCP 连接上发送数据。客户常常使用 send 传输请求，而服务器使用 send 传输应答。send 调用需要以下三个参数(应用程序要传递这些参数)：数据将要发往的套接字描述符、数据要发往的地址和数据的长度。send 往往要将外发数据(outgoing data)复制到操作系统内核中的缓存里，并允许应用程序在通过网络传输数据的同时继续执行下去。若系统的缓存满，send 调用可能会暂时阻塞，直到 TCP 可以通过网络发送数据并在缓存中为新数据腾出空间为止。

5.7.4 recv 调用

客户和服务器都使用 recv 从 TCP 接收数据。在已经建立好连接后，服务器往往使用 recv 接收客户通过调用 send 而发送的请求。而客户在发送完请求后，使用 recv 接收应答。

为从连接中读取数据，应用程序要使用三个参数来调用 recv。第一个参数指明所使用的套接字描述符，第二个参数指明缓存地址，第三个参数指明缓存长度。recv 调用抽出已到达该套接字的数据字节，并将其复制到用户的缓存中。若没有数据到达，调用 recv 将阻塞，直到有数据到达为止。如果到达的数据比缓存的容量多，recv 只抽出能填满缓存的足够数据；若到达的数据比缓存的容量少，recv 将抽出所有的数据并返回它所找到的字节数。

客户和服务器也可用 recv 接收来自套接字(使用 UDP)的报文。如同面向连接时的使用情况，调用者提供三个参数：套接字标识符、缓存地址(将数据放置于此)和缓存的大小。对 recv 每次调用将取出一个进来的 UDP 报文(即一个用户数据报)。若缓存不能装下整个报文，recv 将填满缓存并把剩下的数据丢弃。

5.7.5 close 调用

客户或服务器一旦结束使用某个套接字，便调用 close 将该套接字撤销。若只有一个进程使用此套接字，close 就立即中止连接并撤销该套接字。若多个进程共享某个套接字，close 就把套接字的引用数减 1，当此引用数降到 0 时，就撤销该套接字。

5.7.6 bind 调用

当套接字被创建时，它还没有任何关于端点地址的概念(本地地址和远程地址都还没有指派)。应用程序调用 bind 以便为一个套接字指明本地端点地址。TCP/IP 端点地址使用 sockaddr_in 结构，它包含 IP 地址和协议端口号。服务器主要使用 bind 来指明熟知端口号，它将在此熟知端口等待连接。

5.7.7 listen 调用

套接字被创建后，直到应用程序采取进一步行动前，它既不是主动的（准备由客户使用）也不是被动的（准备由服务器使用）。面向连接的服务器调用 listen 将一个套接字置为被动模式，并使其准备接受传入连接。

大多数服务器由无限循环构成，该循环可以接受下一个传入连接，然后对其进行处理，完成后便返回准备接受下一个连接。处理一个连接哪怕只需要几个毫秒，在服务器正忙于处理这个现有的请求时，还是有可能刚巧又到来一个新的连接请求。为保证不会丢失连接请求，服务器必须给 listen 传递一个参数，告诉操作系统对某个套接字上的连接请求进行排队。因此，listen 的一个参数指明某个套接字将置于被动模式，而另一个参数将指明该套接字所使用的队列长度。

5.7.8 accept 调用

对 TCP 的套接字，服务器调用 socket 函数创建一个套接字，调用 bind 指明本地端点地址，调用 listen 将其置于被动模式，在这之后，服务器将调用 accept 以获取接下去的传入连接请求。accept 的一个参数指明一个套接字，将从该套接字上接受连接。

accept 为每个新的连接请求创建了一个新的套接字，并将这个新套接字的描述返回给调用者。服务器只对这个新的连接使用该套接字而用原来的套接字接受其他的连接请求。服务器一旦接受了一个连接后，它就可以在这个新的套接字上传送数据。在使用完这个新的套接字后，服务器将关闭该套接字。

5.7.9 在套接字中使用 read 和 write

如同大多数 UNIX 操作系统，在 Linux 操作系统中，程序员可以用 read 代替 recv，用 write 代替 send。对 TCP 和 UDP 套接字来说，read 具有和 recv 一样的语义，write 具有和 send 一样的语义。read 和 write 的主要优点是程序员对它们已经很熟悉；而 send 和 recv 的主要优点是它们在程序中标记明显。

5.7.10 套接字调用小结

表 5-1 给出了与套接字有关的系统函数的简要总结。read 和 write 与 recv 和 send 是等价的。

表 5-1 套接字函数及其含义

函数名	含 义
socket	创建用于网络通信的描述符
connect	连接远程对等实体(客户)
write(send)	通过 TCP 连接外发数据
read(recv)	从 TCP 连接中获得传入数据(incoming data)
close	终止通信并释放描述符
bind	将本地 IP 地址和协议端口号绑定到套接字上
listen	将套接字置于被动模式,并设置在系统中排队的 TCP 传入连接的个数(服务器)
accept	接收下一个传入连接(服务器)
recv(read)	接收下一个传入的数据报
recvmsg	接收下一个传入的数据报(recv 的变形)
recvfrom	接收下一个传入的数据报并记录其源端点地址
send(write)	发送外发的数据报
sendmsg	发送外发的数据报(send 的变形)
sendto	发送外发的数据报,往往是到预先记录下的端点地址
shutdown	在一个或两个方向上终止 TCP 连接
getpeername	在连接到达后,从套接字中获得远程计算机的端点地址
getsockopt	获得套接字的当前选项
setsockopt	改变套接字的当前选项

5.8 用于整数转换的实用例程

TCP/IP 对协议首部(header)中所使用的二进制整数指明了一种标准的表示方式,称为网络字节顺序(network byte order),它在表示整数时,让最高位字节在前。

尽管协议软件对应用程序隐藏了协议首部中所使用的大部分值,但程序员必须注意这个标准,因为有些套接字例程要求参数按网络字节顺序存储。例如,sockaddr_in 结构中的协议端口域就使用网络字节顺序。

套接字例程中含有一些在网络字节顺序和本地主机字节顺序间进行转换的函数。程序应坚持调用这些转换例程,即使在本地主机字节顺序与网络字节顺序一样时也应如此,因为这样可以使源代码移植到任意体系结构的计算机上。

这些转换例程分为短(short)和长(long)两类,用以分别处理 16b 和 32b 的整数。函数 htons(host to network short,主机短整型到网络短整型的转换)将一个短整数从主机的本地字节顺序转换为网络字节顺序,而 ntohs(network to host short,网络短整型到主机短整型的转换)则反之。与之类似,htonl 和 ntohl 把长整数从本地字节顺序变换为网络字节顺序或者反之。概括地说:

使用 TCP/IP 的软件调用 htons、ntohs、htonl 和 ntohl 将二进制整数在主机本地字节顺序和网络字节顺序之间进行转换。这样做使代码可以移植到任何计算机上，而不管这台计算机的本地字节顺序是什么。

5.9 在程序中使用套接字调用

图 5-3 说明了使用 TCP 的客户和服务器各自使用套接字函数的一种调用序列。这个序列分别由采用 TCP 的客户和服务器所使用。服务器一直运行，在熟知端口上等待新连接。然后接受这个连接，与客户通信，之后便关闭这个连接。客户创建套接字，调用 connect 连接服务器，交互时，使用 send(或者 write)发送请求，使用 recv(或者 read)接收应答。当使用连接结束时，客户调用 close。服务器使用 bind 指明它所使用的本地(熟知)协议端口，调用 listen 设置连接等待队列的长度，之后便进入了循环。在该循环中，服务器调用 accept 进行等待，直到下个连接请求到达为止，它使用 recv 和 send(或者 read 和 write)同客户进行交互，最后使用 close 中止连接。之后，服务器回到 accept 调用，在那里等待下一个连接。

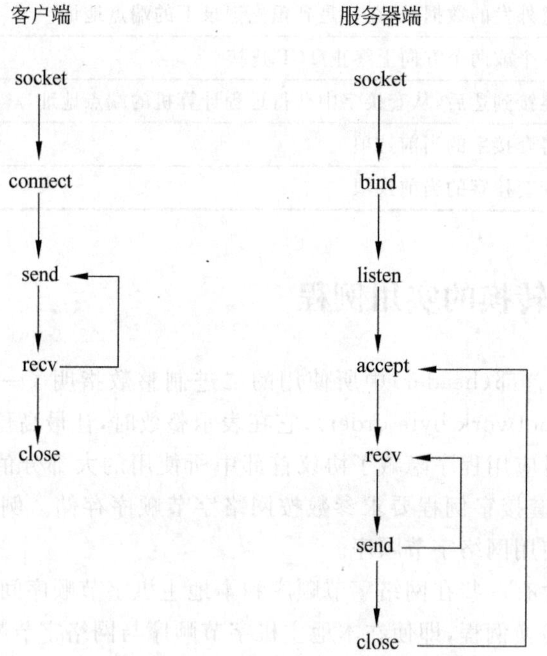

图 5-3 使用 TCP 的客户和服务器各自使用套接字函数的一种调用序列

5.10 套接字调用的参数所使用的符号常量

除了实现套接字接口的系统函数外，大多数 UNIX 提供了一组预定义的符号常量和数据结构声明，程序用这些常量和声明来指明参数和声明数据。例如，在说明是否使用数据报或流服务时，应用程序使用符号常量 SOCK_DGRAM 或 SOCK_STREAM。为此，应用程序必须使用 C 语言的预处理语句 include，以便把相应的定义合入每个程序中。include 语句往往出现在源文件的开始处，它们必须出现在使用这些(它们所定义的)常量之前。套接字所需要的那些 include 语句往往具有如下的形式：

```
#include <sys/types.h>
#include <sys/socket.h>
```

在本书其余各章的程序里，假设都以这些语句开始，即使它们没有在例子中明确显示出来也是如此。概括地说：

> 套接字 API 的实现提供了套接字系统调用所要使用的符号常量和数据结构声明。引用这些常量的程序必须以 C 预处理语句 include 开始，该语句将引用出现这些定义的文件。

5.11 小结

BSD UNIX 引入了作为一种机制的套接字抽象，它允许应用程序与操作系统中的协议软件接口。由于许多厂商采纳了套接字，套接字接口已经成为一种事实上的标准。

一个程序调用 socket 函数创建套接字并获得其描述符。socket 调用的参数指明了所使用的协议和所要求的服务类型。所有的 TCP/IP 都是 Internet 协议族的一部分，它用符号常量 PF_INET 来说明。系统为套接字创建了一个内部的数据结构，并把协议族域填上，系统还使用服务类型参数来选择某个指定的协议(常常是 UDP 或 TCP)。

其他的系统调用允许应用程序指明本地地址(bind)，强迫套接字进入被动模式以便为某个服务器使用(listen)，或者强迫套接字进入主动模式以便为某个客户使用(connect)。服务器可以进一步使用 accept 调用以获得传入连接请求(accept)，客户和服务器都可以发送或接收数据(write 或 read)。最后，在结束使用某个套接字后，客户和服务器都可以撤销(close)该套接字。

套接字结构允许每个协议族定义一个或多个地址表示方式。所有的 TCP/IP 使用 Internet 地址族，AF_INET 指明含有 IP 地址和协议端口号的端点地址。当某个应用程序要为某个套接字函数指明通信端点时，它将使用预定义的结构 sockaddr_in。若客户指明它需要一个任意的、没有使用的本地协议端口号，TCP/IP 软件将为它挑选一个。

用 C 语言写的应用程序在能够使用那些与套接字相关的预定义的结构和常量之前，必须包含一些定义这些结构和常量的文件。具体地说，假设所有的源程序都以这样的语句开始即这些语句都包含文件<sys/types.h>和<sys/socket.h>。

Leffler 等人在 1989 年详细描述了 Berkeley UNIX 操作系统，并描述了用于套接字的内部数据结构。Presotto 和 Ritchie 在 1990 年描述了一种针对 TCP/IP 的接口，它使用 UNIX 文件系统空间。Linux 的联机文档含有套接字函数的规格说明，包括参数的精确描述和返回码。关于进程间通信的一节(节的标题是 The IPC Tutorial)很值得一读。关于套接字的很多信息也可在相关文献中找到。

习题

5.1 查看那些针对套接字的 include 文件(往往是/usr/include/sys/socket.h),都允许什么类型的套接字?哪种套接字类型对 TCP/IP 不适用?

5.2 如果你的系统有个精确度至少是微秒级的时钟,试测量一下每个套接字调用的执行时间有多长。为什么有些调用比其他调用所用的时间要长好几个数量级?

5.3 仔细阅读关于 connect 的手册页,若对 SOCK_DGRAM 类型的套接字调用了 connect 会产生什么样的网络通信量?

5.4 当一个应用程序对 SOCK_STREAM 类型的套接字执行了 connect 调用时,监视你的本地网络,你看到了多少个分组?

5.5 send 和 write 都可以用于在套接字上传输数据,read 和 recv 都可以用于从套接字上获取数据。检查有关程序采用了哪种调用?你偏好哪种?为什么?

第6章　客户软件算法及编程实例

6.1　引言

第5章考虑了应用程序用来与TCP/IP软件接口的套接字抽象,还回顾了一些有关的系统调用。本章讨论客户软件所蕴涵的基本算法。在本章中,将讨论以下问题:应用程序是如何通过发起通信而成为客户的;这些应用程序是怎样使用UDP或TCP与服务器联系的;这些程序又是如何使用套接字调用与协议相交互的;以及用于实现这些算法的特定技术。同时展示一个实现这里所讨论的各种想法的完整的客户程序,给出完整的、可以工作的客户程序的例子来详细地说明这些基本概念。这些例子使用UDP和TCP。还将说明程序员如何构建过程库(library of procedures),这些过程隐藏了套接字调用的细节,并使构建可移植且可维护的客户软件变得容易。

6.2　不是研究细节而是学习算法

TCP/IP提供的丰富功能使得程序之间能够按照多种方式进行通信。使用TCP/IP的应用程序必须指明所期望的通信的许多细节。例如,应用程序必须指明它是作为客户还是作为服务器;它将使用的端点地址;通信时,它是使用一种无连接的协议还是一种面向连接的协议;它将如何强迫执行授权和防护准则;以及它所需要的缓存大小等详细内容。

到目前为止,我们已讨论了提供给应用程序的那些操作,但没有讨论应用程序应该如何使用它们。遗憾的是,即使知道了所有可能的系统调用的低层细节以及它们的精确参数,也并不能使程序员懂得如何构建一个设计良好的分布式程序。实际上,尽管对用于网络通信的系统调用进行一般了解是重要的,但很少有程序员能记住所有这些细节。取而代之的方法是,他们学习并牢记那些程序可以通过网络进行交互的各种可能的途径,而且了解每种可能设计的不足之处。从本质上讲,只要程序员对分布式计算中所蕴涵的算法有足够的了解,就可以迅速地做出设计决策,并在各种待选方案中做出选择。为编写在某个特定系统上实现某个特定算法的程序,程序员可以参考编程手册以便找到所需要的那些细节。关键之处在于,如果程序员知道一个程序能做些什么,找出如何这样做就简单了。概括地说:

> 虽然程序员需要概念性地了解API,但他们的主要精力应集中在学习构建通信程序的各种方法上,而不是记住某个特定API的细节。

6.3 客户体系结构和要解决的问题

由于几个原因，作为客户的应用程序要比作为服务器的应用程序简单。首先，大多数的客户软件在与多个服务器进行交互时，不必明显地处理并发性。其次，大多数客户软件像常规的应用程序那样执行。客户软件不像服务器软件，它一般不要求一定的特权，这是因为它一般不访问特权协议端口。最后，大多数客户软件不需要强行保护。它可以依赖操作系统自动地强迫执行保护。实际上，设计和实现客户软件是很容易的，有经验的程序员可以很快地学会编写基本的客户应用程序。下面几节将对客户软件进行一般讨论，重点将注意力集中在使用 UDP 的客户和使用 TCP 的客户之间的区别上。

6.3.1 标识服务器的位置

客户软件可以使用多种方法找到某个服务器的 IP 地址和协议端口号，客户可以：

- 在编译程序时，将服务器的域名或 IP 地址说明为常量；
- 要求用户在启动程序时标定服务器；
- 从稳定的存储设备中获得关于服务器的信息（例如，从本地磁盘中的某个文件）；
- 使用某个单独的协议来找到服务器（例如，组播或广播所有服务器都要响应的报文）。

把服务器的地址指明为常量可以使客户软件执行得更快，并且可以使它对某个特定本地计算环境的依赖更小。然而，这也意味着在服务器被移动后，客户软件必须重新编译。更重要的是，这还意味着当更换一个服务器时，哪怕是暂时做测试之用，这个客户也不能使用。作为一种折中，有些客户固定一个计算机名，而不是一个 IP 地址。这种方法将绑定（binding）推迟到运行的时候。它允许某个网点为服务器选择一个类属名（generic name），并为这个名字在域名系统中增加一个别名。使用别名允许一个网点的管理员改变服务器的地址而不必改变客户软件。为了移动服务器，管理员只需要改变别名。例如，可以为 mailhost 在本地域中增加一个别名，并且让所有的客户查找字符串 mailhost 以取代某个特定的计算机。因为所有的计算机都引用这个类属名而不是某台计算机，系统管理员可以改变邮件主机的位置而不必重新编译客户软件。

把服务器的地址存放在一个文件中可使客户软件更加灵活，但这意味着如果没有这个文件，客户软件就不能执行。因此，客户软件不能容易地转移到其他的计算机中。

尽管在本地的小环境下，使用广播协议来发现服务器这种方法是可行的，但这种方法却不适合于大的互联网。此外，使用一种动态的查找机制会使客户和服务器两方面都招致额外的复杂性，同时还会对网络增加额外的业务量。

为避免不必要的麻烦和对计算环境的依赖，大多数客户使用一种简单的方式解决服务器的规约问题：在启动客户程序时，要求用户提供能标识服务器的参数。让客户软件接收作为服务器地址的参数，按这种方法构建客户软件可以使它更具一般性，并且消除了对计算环境的依赖。概括地说：

> 允许用户在调用客户软件时指明服务器地址，可以使客户软件更具一般性，并且使改变服务器位置成为可能。

需要指出的一个要点：用参数指明服务器的地址带来了最大的灵活性。接收地址参数的程序可以同其他程序相组合，而那些程序可以从磁盘中获取服务器地址，也可以使用远程名字服务器发现地址，或者通过广播协议查找地址。因此：

> 若客户软件把服务器地址作为参数来接收，那么，构建这样的客户软件使构建软件的扩展版本变得容易，这些扩展版本的软件可以用其他的途径找到服务器地址（例如，从磁盘中的文件中读取）。

有些服务要求显式服务器，而有些则可以使用任一可供使用的服务器。例如，当用户启动远程登录客户时，在他心目中有一个特定的目标计算机，而登录到别的计算机往往没有意义。然而，如果用户仅仅想知道当前的时间，不在乎到底是哪个服务器在响应。为适合这种服务，设计者可以修改以上所讨论的任何种服务器查询方法，他们可以提供一组服务器名而不是单个服务器名。客户也必须改动，以便尝试一组服务器中的每一个，直到找到一个能响应的服务器为止。

6.3.2 分析地址参数

用户在调用客户程序时，常常在命令行中指明一些参数。在大多数系统中，传递给客户程序的每个参数由字符串构成。客户使用一种参数语法来解释其意义。例如，大多数客户软件既允许用户提供计算机（服务器运行于其上）的域名：

```
merlin.cs.purdue.edu
```

也允许用户提供点分十进制表示的 IP 地址：

```
128.10.2.3
```

为确定用户是指明了 IP 地址还是名字，客户扫描这个参数，查看它是否含有字母。若含有字母，它一定是个名字；若它只含有数字和小数点，客户假设它是点分十进制数字地址，并按照这种方式对其进行语法检查。

当然，除服务器计算机名或 IP 地址外，客户程序有时需要另外的信息。具体地说就是，全参数化的客户软件允许用户指明协议端口号和计算机。为这样做，可以使用一个附加的参数或者在一个字符串中放入此信息的编码。例如，若要为某台计算机上的 SMTP 服务指明相关联的协议端口，且该计算机取名为 merlin. cs. purdue. edu，则客户可以接收两个参数：

```
merlin.cs.purdue.edu smtp
```

或者将计算机名和协议端口结合进单个参数：

```
merlin.cs.purdue.edu:smtp
```

尽管每个客户可以独立地选择其参数的语法细节，但让许多客户拥有各自一套语法就会引起混淆。从用户的观点看，一致性总是重要的。因此，劝告程序员：对客户软件，要遵循它们本地系统所使用的约定。例如，许多 Linux 实用程序使用单独的参数指明服务器的计算机地址和协议端口。

6.3.3 查找域名

客户必须用 sockaddr_in 结构指明服务器的地址。这意味着将点分十进制表示的地址转换为用二进制表示的 32b IP 地址。把点分十进制表示法转换为二进制表示法很简单。然而，要转换域名就相当费事了。套接字 APl 包含了库例程(libraryroutine)inet_addr 和 gethostbyname，这两个例程执行这种转换。inet_ addr 接收一个字符串，该字符串含有一个点分十进制表示的地址，而返回一个等价的二进制表示的地址。gethostbyname 接收一个 ASCII 字符串，该字符串含有某台计算机的域名，它返回一个 hostent 结构，该结构含有二进制表示的主机 IP 地址，当然还有一些其他的内容。hostent 在文件 netdb. h 中声明：

```
struct hostent {
char       *h_name;         /* official host name */
char       **h_aliases;     /* other aliases */
int        h_addrype;       /* address type */
int        h_length;        /* address length */
char       **h_addr_list;   /* list of addresses */
};
#define    h_addr           h_addr_list[0]
```

包含名字和地址的字段一定是表(list)，这是因为拥有多个接口的主机也拥有多个名字和地址。为了与早先的版本兼容，文件还定义了标识符 h_addr，它指向主机地址表中的第一个位置。这样，程序就可以把 h_addr 作为结构中的一个字段来使用。

我们来考虑名字转换的简单例子。假设某个客户已经收到传递来的一个字符串形式的域名 merlin. cs. purdue. edu，但它需要获得 IP 地址。客户就可以按如下方式调用 gethostbyname：

```
struct hostent *hptr;
char *examplenam="merlin.cs.purdue.edu";

if(hptr=gethostbyname(examplenam)) {
    /* IP address is now in hptr-> h_addr */
} else {
    /* error in name-handle it */
}
```

若调用成功，gethostbyname 返回一个合法的 hostent 结构指针。若名字不能映射为某个 IP 地址,该调用就返回零。因此,客户程序检查 gethostbyname 返回的值以确定是否有差错发生。

6.3.4 由名字查找某个熟知端口

多数客户程序必须查找它们想要调用的特定服务的协议端口。例如,SMTP 邮件服务器的客户需要查找分配给 SMTP 的熟知端口。为此,客户调用库函数 getservbyname,它有两个参数:一个字符串,指明所期望的服务;还有一个字符串,指明所使用的协议。该函数返回 servent 类型的结构指针(该结构也包含在文件 netdb.h 中):

```
struct servent {
    char        * s_name;           /* official service name */
    char        ** s_aliases;       /* other aliases */
    int         s_port;             /* port for this service */
    char        * s_proto;          /* protocol to use */
};
```

若某个 TCP 客户需要查找 SMTP 的正式协议端口号,它便调用 getservbyname,程序如下:

```
struct servent * sptr;

if(sptr=getservbyname("smtp", "tcp")) {
    /* port number is now in sptr-> s_port */
} else {
    /* error occurred-handle it */
}
```

6.3.5 端口号和网络字节顺序

函数 getservbyname 按网络字节顺序返回服务的协议端口。第 5 章解释了网络字节顺序的概念,还描述了用来将网络字节顺序转换为本地计算机所使用的字节顺序的库例程。getservbyname 返回的端口号值的形式正是使用 sockadd_in 结构所需要的形式,但这种表示也许和本地计算机经常使用的表示方法不一致。因此,如果一个程序打印 getservbyname 返回的值,但没有将其转换为本地字节顺序,这时可能会显示不正确的结果。

6.3.6 由名字查找协议

套接字接口提供了一种机制,允许客户或服务器将协议名映射为分配给该协议的整数常量。库函数 getprotobyname 执行这种查找。调用 getprotobyname 时以一个字符串参数的形式传递协议名,它返回一个 protoent 类型的结构的地址。若 getprotobyname 不能访问数据库或所指明的名字不存在,该函数就返回零。协议名数据库允许网点为每个名字定义别名。protoent 结构拥有一个字段针对正式的协议名,还有一个字段指向别名表(list of aliases)。C 语言的 include 文件,netdb. h 中含有该结构的声明:

```
struct protoent {
    char        *p_name;        /* official protocol name */
    char        **p_aliases;    /* list of aliases allowed */
    int         p_proto;        /* official protocol number */
};
```

若某个客户需要查找 UDP 的正式协议号,它可以按下例程序调用 getprotobyname:

```
struct protoent *pptr;

if(pptr=getprotobyname("udp")) {
    /* official protocol number is now in pptr->p_proto */
} else {
    /* error occurred handle it */
}
```

6.4 TCP 客户算法

构建客户软件往往较构建服务器软件容易。因为 TCP 处理了全部的可靠性和流量控制问题,所以在所有网络编程工作中,构建使用 TCP 的客户程序是最简单的。客户按照算法 6-1 构建与某个服务器的连接并与该服务器通信。该算法是面向连接的客户。客户应用程序分配套接字,并将套接字与某个服务器连接。接着,它通过该连接发送请求并接收发回的应答。下面的几节将按照该算法,详细地讨论每一步骤。

算法 6-1

1. 找到期望与之通信的服务器的 IP 地址和协议端口号。
2. 分配套接字。
3. 指明此连接需要在本地计算机中,任意的、未使用的协议端口,并允许 TCP 选择一个这样的端口。
4. 将这个套接字连接到服务器。
5. 使用应用级协议与服务器通信(在此,往往包含发送请求和等待应答)。
6. 关闭连接。

6.4.1 分配套接字

前面几节已讨论过用于找到服务器 IP 地址的方法,还讨论了用来分配通信套接字的

socket 函数。使用 TCP 的客户必须将协议族和服务分别说明为 PF_INET 和 SOCK_STREAM。程序以 include 语句开始，这些语句引用了一些文件，这些文件包含了调用中要使用的常量定义及保存套接字描述符的变量的声明。若协议族中不止一个协议，则由第一个参数指明协议族，第二个参数指明所要求的服务，而 socket 的第三个参数标识某个特定的协议。就 Internet 协议族来说，只有 TCP 提供 SOCK_STREAM 服务。因此，第三个参数就无所谓了，它就应当为零。

```
#include<sys/types.h>
#include<sys/socket.h>
int s;          /* socket descriptor */
s=socket (PF_INET, SOCK_STREAM, 0);
```

6.4.2 选择本地协议端口号

在套接字能够用于通信之前，应用程序需要为它指明远程的和本地的端点地址。服务器运行于某个熟知协议端口之上，所有客户都需要知道该端口。然而，TCP 客户并非工作于某个预分配的端口上，它必须为它的端点地址选择一个本地协议端口。一般来说，客户并不在乎它使用哪个端口，只要求：①该端口并不与这台计算机中正被其他进程所使用的端口相冲突；②该端口并未被分配给某个熟知服务。

当然，在客户需要一个本地协议端口时，它可以随机选择任意的端口，直到找到某个符合以下条件的端口为止。然而，套接字接口使选择客户端口简单了，这是因为它提供了一个途径，即客户可以允许 TCP 自动选择本地端口。connect 调用的一个副效应就是所选择的本地端口能满足上述这些准则。

6.4.3 选择本地 IP 地址中的一个基本问题

在构成连接端点时，客户必须选择一个本地 IP 地址以及一个本地协议端口号。对只挂在一个网络上的主机来说，选择本地 IP 地址很简单。然而，由于路由器或多接口(multi-homed)主机拥有多个 IP 地址，这就使这种选择困难了。

一般来说，选择 IP 地址之所以困难是因为正确的选择要依赖于选路信息，而应用程序却很少使用选路信息。为理解其中的原因，想象某台计算机拥有多个网络接口，因而有多个 IP 地址。在应用程序使用 TCP 之前，它必须具有这个连接的端点地址。TCP 与某个外界的目的地通信时，它将 TCP 报文段封装到 IP 数据包中，并将该数据包传递给 IP 软件。IP 使用远程目的地址和它的路由表来选择下一跳(next hop)的地址以及可以用来到达下一跳的网络接口。

这里有个问题：在外发(outgoing)数据包中的 IP 源地址，应当与网络接口的 IP 地址相匹配，IP 就是通过这个接口传送该数据包的。然而，如果应用程序随机地从计算机的各 IP 地址中选择一个，它可能选择了一个与接口(IP 通过该接口传送数据包)并不匹配的地址。

在实际工作中，甚至在程序员选择了一个错误的地址时，客户可能看来还能工作，这是因为分组可能通过某个不同的(本该到达服务器的)路由转回客户。然而，使用不正确的地址违反了规约，使网络管理变得困难和混乱，还使程序的可靠性下降。

为解决这个问题，套接字调用可以让应用程序将本地地址字段放置不填，而允许TCP/IP 软件在客户与某个服务器进行连接时自动地选取本地 IP 地址。要点如下：

> 因为选取正确的本地 IP 地址要求应用程序与 IP 选路软件交互，TCP 客户软件往往将本地端点地址放置不填，而允许 TCP/IP 软件自动选取正确的本地 IP 地址和未使用的本地协议端口号。

6.4.4 将 TCP 套接字连接到某个服务器

系统调用 connect 允许 TCP 套接字发起连接。用下层协议的术语来说就是 connect 强迫执行了开始时的三次握手。除非它建立了连接，或者 TCP 到达超时门限并放弃建立连接，否则对 connect 的调用是不会返回的。如果尝试连接成功，该调用返回 0，否则返回 1。connect 有三个参数：

```
retcode=connect(s, remaddr, remaddrlen)
```

其中，s 为套接字的描述符；remaddr 为一个 sockaddr_in 类型的结构的地址，它指明期望与之连接的远程端点；remaddrlen 为参数 remaddr 的长度，单位为 B。

connect 指明四项任务：第一，它对指明的套接字进行检测，以保证它是有效的并且还没有建立连接；第二，它将参数 remaddr 给出的端点地址填入到此套接字中；第三，若此套接字还没有本地端点地址，它便为连接选择一个 IP 地址和协议端口号；第四，它发起一个 TCP 连接并返回一个值，以此告诉调用者连接是否成功。

6.4.5 使用 TCP 与服务器通信

假设 connect 成功地建立了连接，客户就可以使用这个连接与服务器进行通信。应用协议往往指明一种请求响应交互(request-response interaction)，即客户发送一系列请求并等待对每个请求的响应。

客户常常调用 send 来发送各个请求，调用 recv 来等待响应。对最简单的协议来说，客户只发送一个请求，并且只接收一个响应。更复杂的应用协议则要求客户反复执行，发送一个请求，然后在发送下一请求前等待响应。下面的代码说明了这种请求响应交互，该代码说明了一个程序如何在 TCP 上写一个简单的请求并读取响应。

```
/* Example code segment */

#define BLEN 120              /* buffer length to use */
char    *req="request of some sort";
char    buf[BLEN];            /* buffer for answer */
```

```
char    *bptr;                /* pointer to buffer */
int     n;                    /* number of bytes read */
int     buflen;               /* space left in buffer */

bptr=buf;
buflen=BLEN;

/* send request */

send(s, req, strlen(req), 0);

/* read response(may come in many pleces) */

while((n=recv(s, bptr, buflen, 0))>0) {
    bptr+=n;
    buflen -=n;
}
```

6.4.6 从 TCP 连接中读取响应

6.4.5 节中的例子的代码展示了客户发送一小报文到服务器,并期待一则响应(小于120B)的过程。该代码含有对 send 的一次调用,但重复调用了 recv。只要调用 recv 返回了数据,代码就把缓存可用空间的计数减少,并将缓存的指针移过所接收的数据在输入中,反复执行是必要的。即使在连接另一端的应用程序只发送了一小点数据,也应如此。因为 TCP 不是面向块的(block-oriented)协议,而是面向流的(stream-oriented)协议:它保证传递发送者所发出的字节序列,但是并不保证按照这些字节所写入时的组传送。TCP 可能会将一块数据分成若干片,并把每片数据在单独的报文段中传送(例如,它可能需要这样分割数据,使其每片都能助填满报文段的最大容量;或者如果接收者没有足够大的空间容纳一大块数据,它可能需要每次发送一小片数据)。另一种途径,TCP 可能在发送报文段之前,要在其缓存中积累许多的字节(例如,为了填满一个数据报)。这样,即使发送应用程序使用一次 send 调用将数据传递给 TCP,接收应用程序也可能接收到许多小块数据。或者即使发送应用程序用了一串 send 调用将数据传递给 TCP,接收应用程序却有可能接收到一大块数据。这是 TCP 编程中一个很基本的概念:

> 由于 TCP 并不保持记录的边界,所以从 TCP 连接中进行接收的任何程序都必须准备一次只接收几个字节的数据。即使在发送应用程序一次发送一大块数据时,此规则也成立。

6.4.7 关闭 TCP 连接

1. 对部分关闭的需要

当某个应用程序完全结束使用一个连接时,可以调用 close 来从容地终止连接并释放该套接字。可是，关闭连接却很少会如此简单，这是因为 TCP 允许双向通信，因此，常常需要在客户和服务器之间进行协调。

为了理解这个问题，考虑一个使用上述请求响应交互的客户和服务器。客户软件重复地发送请求给进行响应的服务器。一方面，服务器不能关闭连接，因为它不知道客户是否还要发送其他的请求；另一方面，尽管客户可以知道何时将没有请求要发送了，但它不知道是否所有从服务器来的数据均已到达。后者对某些应用协议尤其重要，例如，这些协议在对某个请求的响应中有大量数据要传递的情况(例如，响应数据库查询)。

2. 部分关闭的操作

为解决连接关闭问题，多数套接字接口的实现包含附加的原语，允许应用程序在一个方向上关闭 TCP 连接。系统调用 shutdown 有两个参数，即套接字描述符和方向说明，它在所指明的方向上关闭该套接字：

```
errcode=shutdown(s, direction);
```

参数 direction 是个整数。若其值为 0，将不再允许输入；若其值为 1，将不再允许输出；最后，若其值为 2，连接将在两个方向上关闭。

部分关闭的优点：当客户结束发送请求时，它可以使用 shutdown 来指明没有数据要发送了，但并不释放套接字。下层的协议向远程计算机报告这个关闭，使服务器应用程序知道将要接收 end-of-file 信号。服务器一旦检测到 end-of-file 信号，就知道不会再有请求到达了。在发送完最后一个响应后，服务器就可以关闭这个连接。概括地说：

> 部分关闭机制可使一些应用协议消除二义性，在这些协议中，对请求的响应可能要传输不定数量的信息。在这些情况下，客户在发送最后一个请求后，可发起部分关闭；服务器在发送完最后一个响应后，再关闭这个连接。

6.5 UDP 客户算法

初看起来，编写 UDP 客户程序看上去是项简单的工作。算法 6-2 是 UDP 客户的基本算法，同 TCP 客户的算法(即算法 6-1)相似。该算法是无连接的客户。发送进程创建了连接的套接字，并使用它循环地发送一个或更多的请求。这个算法忽略了可靠性问题。

算法　6-2

1. 找到期望与之通信的服务器的 IP 地址和协议端口号。
2. 分配套接字。
3. 指明此连接需要在本地计算机中，任意的、未使用的协议端口，并允许 UCP 选择一个这样的端口。
4. 指明报文所要发往的服务器。
5. 使用应用级协议与服务器通信(在此，往往包含发送请求和等待应答)。
6. 关闭连接。

UDP客户算法的最初几步与对应的TCP客户算法很相似。UDP客户先获得服务器的地址和协议端口号,然后分配用于通信的套接字。

6.5.1 连接的和非连接的UDP套接字

客户应用程序可以按两种基本模式之一来使用UDP:连接的和非连接的。为进入连接模式,客户使用connect调用指明远程端点地址(即服务器的IP地址和协议端口号)。客户一旦指明了远程端点,不用每次重复指明远程地址就可以发送和接收报文。在非连接的模式,客户并不把套接字连接到一个指定远程端点上,而是在每次发送报文时指明远程目的地。连接的UDP套接字的主要优点:对那些一次只与一个服务器进行交互的常规客户软件来说很方便,应用程序只需要一次指明服务器,而不管有多少数据报要发送。非连接套接字的主要优点是其灵活性:客户可以一直等待确定要与哪个服务器联系,直到它有一个请求要发送时为止。此外,客户可以很容易地将每个请求发往不同的服务器。

UDP套接字可以是连接的,这使得与一个指定的服务器进行交互很方便;也可以是非连接的,这就使应用程序每次发送请求时都必须指明服务器的地址。

6.5.2 对UDP使用connect

尽管客户可以连接SOCK_DGRAM类型的套接字,但这个connect调用并不发起任何分组交换,也不检测远程端点地址的合法性。相反,connect调用仅仅在套接字的数据结构中记录下远程端点的信息以备以后使用。因此,当把connect应用于SOCK_DGRAM上时,它仅仅保存了一个地址。即使connect调用成功了,它既不意味着远程端点地址合法,也不意味着服务器是可到达的。

6.5.3 使用UDP与服务器通信

在UDP客户调用connect后,它可以使用send发送报文或使用recv接收响应。与TCP不同的是,UDP提供了报文传送。客户每次调用send,UDP便向服务器发送一个报文。这个报文包含了传递给send的全部数据。与之相似,每次调用revc都返回一个完整的报文。假设客户已经指明了足够大的缓存,recv调用就从下一个传入报文返回所有的数据。因此,UDP客户不需要为获得单个报文而重复调用recv。

6.5.4 关闭使用UDP的套接字

UDP客户调用close来关闭套接字,并将与之关联的资源释放掉。套接字一旦关闭,UDP软件将拒绝以后到达的报文。这些报文的协议端口是以前分配给该套接字的。然而,发生 close 的这台计算机并没有通知远程端点这个套接字已被关闭。因此,使用无连接传输的应用程序必须使得远程计算机知道在关闭套接字之前应把它保留多久。

6.5.5 对 UDP 的部分关闭

shutdown 可以用于连接 UDP 的套接字,以便在某个给定方向上终止进一步的传输。遗憾的是,不像对 TCP 连接的部分关闭,当 shutdown 用于 UDP 时,它并不向另一方发送任何报文,而是仅仅在本地套接字中标明不期望在指定的方向上传输数据了。因此,如果客户在其套接字上关闭了以后的输出,服务器将收不到任何表明通信已停止的指示。

6.5.6 关于 UDP 不可靠性的警告

简单的 UDP 客户算法忽略了 UDP 的一个基本情况,即它提供不可靠(尽最大努力)的交付语义。尽管简单的 UDP 算法可以在本地网络(该网络具有低的丢失率、低的时延,并且没有分组失序)中良好地工作,但在复杂的互连网络中,遵循这个算法的客户就不能工作了。为了能够在互连网络中工作,客户必须通过超时和重传来实现可靠性,还必须处理分组重复或分组失序问题。增强可靠性可能是困难的,因为在协议设计中这需要有专门的技术。

> 使用 UDP 的客户软件必须利用一些技术(例如,分组排序、确认、超时与重传等)才能实现可靠性。为一个互连网络环境设计正确的、可靠的和高效的协议需要有相当的专门技术。

6.6 客户编程实例的重要性

TCP/IP 定义了多种服务以及访问这些服务的许多标准应用协议。这些服务从简单(例如,只用于测试协议软件的字符发生器服务)到复杂(例如,提供鉴别和保护功能的文件传送服务)。本章和下面几章集中讨论具有简单服务的客户-服务器实现。后面几章将回顾几个具有复杂服务的客户-服务器应用。

在例子中所使用的协议可能看上去没有提供什么有用的服务,但研究这些例子是很重要的。首先,由于服务本身所需的代码很少,所以实现这些服务的客户和服务器软件易于理解。更重要的是,小规模的程序突出了基础算法,并清楚地说明客户和服务器程序是如何使用系统调用的。其次,通过研究这些简单的服务,可以为读者提供一种直觉,这种直觉可以告诉读者服务代码的相对长短及其所提供服务的数量。在那些讨论设计多重协议或多重服务的必要性的章节,对小服务具有一定的直觉理解尤其重要。

6.7 隐藏细节

多数程序员都理解将一个复杂的大程序分解成为一组过程的好处：一个模块化的程序要比一个等价的单个程序容易理解、排错和修改。如果程序员认真地设计了过程，他们还可以在其他程序中重新使用这些过程。另外，仔细选择过程还可以使程序能容易地移植到新的计算机系统中。

从概念上说，过程通过将细节隐藏起来，提高了程序员所使用的语言的级别。程序员由于使用大多数编程语言中所提供的那些低级设施，都感到这样的编程是单调的，并且容易出错。他们还发现，在所写的每个程序中都重复编写了许多基本的程序段代码。使用过程(以其所提供的较高级的操作)可帮助他们避免这种重复。某个特定算法的代码一旦编入某个过程，程序员就可以在许多程序中使用它们，不再需要考虑实现的细节。

在构建客户和服务器程序时，小心地使用过程尤其重要。首先，因为网络软件包含了对某些条目的声明(例如，端点地址)，所以构建使用网络服务的程序包括一大堆枯燥的细节，这些细节是在常规程序中所找不到的。使用过程来隐藏这些细节将减少出错的机会。其次，多数代码需要分配一个套接字、绑定地址并构成网络连接，这些操作在每个客户程序中都要重复出现；将这些代码置于过程中就可以允许程序员重用这些代码而不是再重写一遍。最后，因为 TCP/IP 是为异种机互连而设计的，网络应用程序常常运行于许多不同计算机的体系结构上。程序员可以用过程将依赖于操作系统的内容隔离出来，以便容易地将代码移植到新计算机中。

6.8 针对客户程序的过程库

为理解过程使编程工作变得更容易的方法，我们来考虑构建客户程序的问题。为与某个服务器建立联系，客户必须选择一个协议(例如，UDP 或 TCP)，查找服务器的计算机名，查找所期望的服务并将其映射到协议端口号，分配套接字并与之连接。对每个应用来说，为以上每个步骤从头编写代码是浪费时间的。而且，如果程序员需要改变任何一处细节，他们必须修改各个应用程序。为使编程时间尽量减少，程序员可以一次编写代码，将其置于某个过程之中，然后，只是简单地在各个客户程序中调用这个过程。

设计过程库的第一步是抽象：程序员必须想象那些使编写程序更简单的高级操作。例如，某个应用程序员也许会想象两个过程，它们处理分配和连接套接字的工作：

```
socket=connectTCP(machine, service);
socket=connectUDP(machine, service);
```

理解这点很重要，即这里所给出的并不是一个关于“正确的”抽象的处方，而是仅仅给出了对这样一个情况的一种可能的处理方式。重要概念如下：

过程的抽象允许程序员定义高级操作，在各应用程序之间共享代码，并且减少在微小细节上出错的机会。在本书中所使用的这些例子仅仅说明了一种可能的方法，程序员应自由选择他们自己的抽象。

6.8.1 connectTCP 的实现

由于在建议的过程中，无论是 connectTCP 还是 connectUDP，都需要分配套接字并填入基本信息，我们决定将所有的低级代码放置到第三个过程 connectsock 中，这样，实现两个高级操作就成为简单的调用了。文件 connectTCP.c 说明了这一概念：

```
/* connectTCP.c —connectTCP */
int connectsock (const char *host, const char *service,
const char *transport);
/*------------------------------------------------------------
 * connectTCP—connect to a specified TCP service on a specified *host
 *------------------------------------------------------------
 */
int
connectTCP (const char *host, const char *service)
/*
 * Arguments:
 *        host—name of host to which connection is desired
 *        service—service associated with the desired port
 */
{
return connectsock (host, service, "tcp");
}
```

6.8.2 connectUDP 的实现

文件 connectUDP.c 说明了如何用 connectsock 建立使用 UDP 的一个连接的套接字。

```
/* connectUDP.c —connectUDP */
int connectsock (const char *host, const char *service,
const char *transport);
/*------------------------------------------------------------
 * connectUDP—connect to a specified UDP service on a specified *host
 *------------------------------------------------------------
 */
int
connectUDP (const char *host, const char *service)
/*
 * Arguments:
```

```
 *          host—name of host to which connection is desired
 *          service—service associated with the desired port
 */
{
     return connectsock (host, service, "udp");
}
```

6.8.3 构成连接的过程

过程 connectsock 中含有所有需要用来分配套接字和连接该套接字的代码。调用者要指明是创建 UDP 套接字还是创建 TCP 套接字。

```
/* connectsock.c —connectsock */

#include <sys/types.h>
#include <sys/socket.h>

#include <netinet/in.h>
#include <arap/inet.h>

#include <netdb.h>
#include <string.h>
#include <stdlib.h>

#ifndef INADDR_NONE
#define INADDR_NONE          0xffffffff
#endif /* INADDR_NONE */

extern int errno;

int errexit(const char * format, …);
/* ---------------------------------------------------------------------
 * connectsock—allocate & connect a socket using TCP or UDP
 * ---------------------------------------------------------------------
 */
int
connectsock (const char *host, const char *service, const char *transport)
/*
 * Arguments:
 *          host—name of host to which connection is desired
 *          service—service associated with the desired port
 *          transport—name of transport protocol to use("tcp"or"udp")
 */
```

```
{
        struct hostent *phe;       /*pointer to host information entry*/
        struct servent *pse;       /*pointer to service information entry*/
        struct protoent *ppe;      /*pointer to protocol information entry*/
        struct sockaddr_in sin;    /* an Internet endpoint address */
        int s, type;               /* socket description and socket type */

            memset(&sin, 0, sizeof(sin));
            sin . sin_family=AF_INET;
/* Map service name to port number */
        if(pse=getservbyname(service, transport))
                sin . sin_port=pse ->s_port;
        else if((sin.sin_port=htons ((unsigned short) atoi (service)))==0)
                errexit("can't get \"%s \"service entry\n",service);
/* Map host name to IP address, allowing for dotted decimal */
        if(phe=gethostbyname(host))
memcpy (&sin.sin_addr, phe ->h_addr, phe ->h_length);
        else if((sin.sin_addr.s_addr=inet_addr(host))==INADDR_NONE)
                errexit("can't get \"%s \"host entry\n",host);
/* Map transport protocol name to procotol number */
        if((ppe=getprotobyname(transport))==0)
errexit("can't get \"%s \"protocol entry\n", transport);
/* Use protocol to choose a socket type */
        if(strcmp (transport,"udp")==0)
                type=SOCK_DGRAM;
        else
                type=SOCK_STREAM;
/* Allocate a socket */
        s=socket(PF_INET, type, ppe ->p_proto);
        if(s<0)
errexit("can't create socket : %s\n", strerror(errno));
/* Connect the socket */
if(connect(s, (struct sockaddr *) &sin, sizeof(sin))<0)
erreixt("can't connect to %s.%s : %s\n", host, service, strerror(errno));
        return s;
}
```

虽然大多数步骤简单明了,但还是有一些细节使代码看上去有点复杂。首先,C 语言允许复杂的表达式。其结果是,在许多条件语句的表达式中含有函数调用、赋值和比较,所有这些都在一行中。例如,对 getprotobyname 的调用出现在一个表达式中,该表达式将结果赋值给变量 ppe,接着将这个结果与 0 比较。若这个返回值是 0(即发生了差错),if 语句就执行调用 errexit,否则,过程将继续执行。其次,代码使用了两个由 ANSI C 定义的库过程: memset 和 memcpy。过程 memset 将给定值的字节(可以是多个字节)放置到一个存储器块中;它是将一块大结构或数组清零的最快途径。过程 memcpy 将字节块从存储器的一处复制到另一处而不管它的内容如何。connectsock 使用 memset 在整个 sockaddr_in 结构中填入 0,然后使用 memcpy 将服务器 IP 地址的字节复制到 sin_addr 中。最后,connectsock 调用过程 connect 以连接该套接字。若有差错发生,就调用 errexit。

```
/* errexit.c—errexit */
#include <stdarg.h>
#include <stdio.h>
#include <stdlib.h>

/*------------------------------------------------------------------
 * errexit—print an error message and exit
 *------------------------------------------------------------------
 */
int
errexit(const char * format, …)
{
        va_list args;
        va_start(args, format);
        vfprintf(stderr, format, args);
        va_end (args);
        exit(1);
}
```

errexit 使用可变数量的参数,这些参数传递给 vfprintf 来输出。errexit 的输出格式遵循 printf 的约定。第一个参数指明输出的格式,剩下的参数指明按所给格式准备要打印的参数。

6.9 过程库使用

程序员一旦选用好了抽象并构建了过程库,就可以构建客户应用程序了。若这种抽象选择得好,就会使应用程序编程简单并隐藏许多细节。为说明例子库是如何工作的,我们将用它来构建客户应用程序的例子。因为每个客户都访问标准的 TCP/IP 服务,因此,我们还就此说明一些更简单的应用协议。

6.10 DAYTIME 服务

TCP/IP 标准定义了一个应用协议,该协议允许用户获得当前的日期和时间,输出格式采用用户能读懂的形式。该服务正式命名为 DAYTIME 服务。

为访问 DAYTIME 服务,用户要调用客户应用程序。客户联系服务器以获得信息,并将该信息打印出来。尽管标准没有指明其精确的语法,但它建议了一些格式。例如,DAYTIME 可以按如下形式提供日期和时间:

```
weekday, month day, year, time-timezone
```

如

```
Thursday, February 22,1996 17 : 37: 43-PST
```

该标准指明,DAYTIME 服务既可以针对 TCP 也可以针对 UDP。两者都运行在协议端口 13 上。

DAYTIME 的 TCP 版本利用 TCP 连接的出现来激活输出：只要一个新的连接到达,服务器就构建包含当前日期和时间的文本字符串,发送这个字符串,然后将连接关闭。这样,客户不用发送任何请求。实际上,标准指明服务器必须丢弃客户发送的任何数据。

DAYTIME 的 UDP 版本要求客户发送请求,请求由任意的 UDP 数据报构成。服务器只要收到数据报,它就格式化当前的日期和时间,将结果字符串放置到外发数据报中,然后将其发回客户。服务器一旦发送了应答,它便将激活这个响应的数据报丢弃。

6.10.1 针对 DAYTIME 的 TCP 客户实现

文件 TCPdaytime.c 含有访问 DAYTIME 服务的 TCP 客户的代码。

```
/* TCPdaytime.c=TCPdaytime, main */

#include <unistd.h>
#include <stdlib.h>
#include <string.h>
#include <stdio.h>

extern int errno;

int TCPdaytime(const char *host, const char *service);
int errexit(const char *format, …);
int connectTCP (const char *host, const char *service);

#define LINELEN 128

/*-----------------------------------------------------------------------
 * main—TCP client for DAYTIME service
 *-----------------------------------------------------------------------
 */
int
main(int argc, char *argv[])
{
char *host="localhost";              /* host to use if none supplied */
       char *service="daytime";      /* default service port */
       switch(argc) {
```

```
        case 1:
                host="localhost";
                break;
        case 3:
                service=argv[2];        /* FALL THROUGH */
        case 2:
                host=argv[1];
                break;
        default:
    fprintf(stderr,"usage: TCPdaytime [host[port]] \n");
                exit(1);
        }
        TCPdaytime(host, service);
        exit(0);
}

/* -----------------------------------------------------------
 * TCPdaytime—invoke Daytime on specified host and print results
 *-----------------------------------------------------------
 */
TCPdaytime(const char * host, const char * service)
{
        char buf[LINELEN+1];            /* buffer for one line of text */
        int s, n;                       /* socket, read count */
        s=connectTCP (host, service);
        while((n=read (s, buf, LINELEN))>0) {
    buf[n]='\0';                        /* ensure null-terminated */
    (void) fputs (buf, stdout);
}
}
```

注意使用 connectTCP 是如何简化代码的。连接一旦建立，DAYTIME 仅仅从这个连接中读取输入并将其打印。它不断重复地读，直到检测出文件结束(end-of-file)的条件。

6.10.2 从 TCP 连接中进行读

例子 DAYTIME 说明了一个重要的思想：TCP 提供了一种流服务(stream service)，而并不保证保持记录的边界。实际上，流服务意味着 TCP 使发送应用程序和接收应用程序分隔开了。例如，假设发送应用程序在对 send 的一次调用中传送了 64B，接着在第二次调用时又发送了 64B。接收应用可能在对 recv 的一次调用中就收到了所有这 128B。或者在第一次调用时收到了 10B，在第二次调用时收到了 100B，在第三次调用时收到了

18B。在一次调用中返回的字节数依赖于下层互连网络数据报的大小、可用的缓存空间以及穿越网络所遇到的时延。

> 因为 TCP 的流服务不能保证按写入时相同的数据块交付数据，从 TCP 连接接收数据的应用程序不能指望所有的数据能够在一次传送中交付完；它必须重复地调用 recv(或 read)，直到获得了所有的数据。

6.11 TIME 服务

TCP/IP 定义了一个服务，它允许一台计算机从另外一台计算机获得当前的日期和时间。该服务正式命名为 TIME 服务，而且非常简单：在一台计算机中运行的某个客户程序向在另一台计算机中执行的服务器发送请求。服务器只要收到请求，就从本地操作系统中获得当前的日期和时间，用标准的格式编码该信息，然后在响应中将它发送给客户。

客户和服务器可能处于不同的时区，为避免由此发生的问题，TIME 协议指定，所有时间和日期信息必须用国际标准时间(universal coordinated time)表示，简写为 UCT 或 UT。这样，服务器在发送应答前，将其本地时间转换为国际标准时间，客户在应答到达时，又将国际标准时间转换为其本地时间。

DAYTIME 服务意在为人所用，而 TIME 服务不同于此，它意在为那些存储或维护时间的程序所使用。TIME 协议用一个 32b 的整数指明时间，它表示从某个起始日期所经历的秒数。TIME 协议使用 1900 年 1 月 1 日午夜作为其起始点。

用一个整数表示时间允许计算机把时间值迅速地从一台计算机传送到另一台计算机上，而不必等待着将时间转换为一个文本字符串再将其转换回来。这样，TIME 服务就能使一台计算机用另一系统上的时钟设置其时间。

6.12 访问 TIME 服务

客户可使用 TCP 或 UDP 在协议端口 37 上访问 TIME 服务(在技术上，标准定义了两个单独的服务，一个针对 UDP，而另一个针对 TCP)。为 TCP 构建的 TIME 服务器利用连接的出现来激活输出。这与 6.10 节中讨论的 DAYTIME 服务极为相似。客户构建到 TIME 服务器的连接，并等待着读取连接的输出。当服务器检测到新的连接时，把当前时间作为一个整数发送出去，然后关闭连接客户不发送任何数据，因为服务器不从连接中读数据。

客户也可以用 UDP 访问 TIME 服务。为此，客户发送仅包含单个数据报的请求。服务器并不处理这个传入数据报，而只是从中取出发送者的地址和协议端口号，以便在应答中使用。服务器将当前时间编码为一个整数放在数据报中，并将此数据报发回给客户。

6.13 精确时间和网络时延

尽管TIME服务适用于不同的时区,但它不能处理网络时延。如果报文从服务器到客户要走3s,客户收到将比服务器慢3s。此外,还有更复杂的协议来处理时钟同步。但是,TIME服务仍很流行,有三个原因：第一,与时钟同步协议比较,TIME是极其简单的;第二,大多数客户在同一个局域网中联系服务器,其网络时延总共只有几毫秒;第三,除要使用那些利用时间戳来控制进程的程序外,人们并不关心他们计算机上的时钟是否有很小的误差。

在要求更高精确性的场合,改进TIME或使用其他协议也是可能的。提高TIME的精确性的最简单途径是计算一下服务器到客户的网络时延近似值,然后将此近似值加到服务器所报告的时间值上。例如,计算网络时延近似值的一种方法：客户计算从客户到服务器,再从服务器回来这一往返时延,客户假设两个方向有相等的时延,因而取往返时延的1/2作为时延的近似值。客户将此时延的近似值加到服务器所返回的时间值上。

6.14 针对TIME服务的UDP客户

文件UDPtime.c包含了实现针对TIME服务的UDP客户的代码。

```
/* UDPtime.c —main */

#include <sys/types.h>
#include <unistd.h>
#include <stdlib.h>
#include <string.h>
#include <stdio.h>

#define BUFSIZE 64

#define UNIXEPOCH 2208988800UL /* UNIX epoch, in UCT secs */
#define MSG"what time is it ? \n"

extern int errno;

int connectUDP (const chat * host, const char * service);
int errexit(const char * format …);

/* ------------------------------------------------------------------
  * main—UDP client for TIME service that prints the resulting * time
  * ------------------------------------------------------------------
  * /
int
```

```
main(int argc, char * argv[])
{
char * host="localhost";             /* host to use of none supplied */
        char * service="time";       /* default service name */
        time_t now;                  /* 32b integer to hold time */
        int s, n;                    /* socket descriptor, read count */

switch(argc){
        case 1:
                host="localhost";
                break;
        case 3:
                service=argv[2];     /* FALL THROUGH */
        case 2:
                host=argv[1];
                break;
        default:
fprintf(stderr,"usage: UDPtime [host[port]] \n");
                exit(1);
}

s=connectUDP (host, service);

(void) write(s, MSG, strlen(MSG));

/* Read the time */

n=read (s, (char*)&now, sizeof(now));
if(n<0)
errexit("read failed:%s\n",strerror(errno));
now=ntohl ((unsigned long) now);     /* put in host byte order */
  now -=UNIXEPOCH;                   /* convert UCT to UNIX epoch */
  printf("%s", ctime(&now));
  exit(0);
}
```

该例子代码通过发送数据报联系 TIME 服务。然后，它调用 read 等待应答并从应答中取出时间值。UDPtime 一旦获得了时间，还必须将该时间转换为适合于本地计算机的形式。首先，它使用 ntohl 将 32b(C 语言的 long 类型)从网络标准字节序转换为本地主机字节序；其次，UDPtime 必须转换为计算机的本地表示。该例子代码是为 Linux 设计的，同 Internet 协议一样，Linux 将时间表示为一个 32b 的整数，并将这个整数解释为秒的计数。然而，与 Internet 不同的是，UNIX 假设了起始日期为 1970 年 1 月 1 日。因此，为将 TIME 协议的起始点转换为 Linux 的起始点，客户必须扣除 1900 年 1 月 1 日～1970

年1月1日的秒数。例子代码使用了转换值2208988800。时间一旦转换成与本地计算机兼容的表示后,UDPtime就可以调用库过程ctime,该过程将时间值转换为一种人们可读的形式进行输出。

6.15 ECHO服务

TCP/IP服务为UDP和TCP都指明了一种ECHO服务。初看起来,ECHO服务几乎没有什么用处,因为ECHO服务器仅返回它从客户处收到的所有数据。尽管如此简单,但ECHO服务仍然是网络管理员测试可达性、调试协议软件以及识别选路问题的重要工具。

TCP ECHO服务指明,服务器必须接受传入连接请求,从连接中读取数据,然后在该连接上将数据写回,如此进行,直到客户终止传送。而与此同时,客户发送输入数据,然后读取返回的数据。

6.16 针对ECHO服务的TCP客户

文件TCPecho.c包含了针对ECHO服务的简单客户程序。

```
/* TCPecho.c —main, TCPecho */

#include <unistd.h>
#include <stdlib.h>
#include <string.h>
#include <stdio.h>

extern int errno;

int TCPecho (const char *host, const char *service);
int errexit(const char *format …);
int connectTCP (const char *host, const char *service);

#define LINELEN 128

/* ------------------------------------------------------------------------
 * main—TCP client for ECHO service
 * ------------------------------------------------------------------------
 */
int
main(int argc, char *argv[])
{
char *host="localhost";          /* host to use if none supplied */
       char *service="echo";     /* default service name */
```

```
        switch(argc) {
        case 1:
        host="localhost";
                break;
        case 3:
                service=argv[2];  /* FALL THROUGH */
        case 2:
                host=argv[1];
                break;
        default:
    fprintf(stderr,"usage: TCPecho [host[port]] \n");
                exit(1);
    }
        TCPecho (host, service);
        exit(0);
    }

    /* ------------------------------------------------------------------------
     * TCPecho—send input to ECHO service on specified host and print reply
     * ------------------------------------------------------------------------
     */
    int
    TCPecho (const char *host, const char *service)
    {
        char buf[LINELEN+1];        /* buffer for one line of text */
        int s, n;                   /* socket descriptor, read count */
        int outchars, inchars;      /* characters sent and received */

      s=connectTCP (host, service);
      while(fgets (buf, sizeof(buf), stdin)) {
      buf[LINELEN]=\0';             /* insure line null-terminated */
                outchars=strlen(buf);
                (void) write(s, buf, outchars);

        /* read it back */
            for(inchars=0; inchars<outchars;
        inchars+=n){
        n=read (s, &buf[inchars], outchars-inchars);
        if(n<0)
        errexit("socket read failed: %s\n", strerror(errno))
            }
      fputs (buf, stdout);
      }
    }
```

打开连接之后，TCPecho便进入循环，该循环重复地读取每行输入，通过TCP连接将该行输入发送给ECHO服务器，再读取返回的数据并将其打印出来。在所有行都已发送给服务器、接收到了返回的数据并将其打印出来之后，客户就退出。

6.17 针对ECHO服务的UDP客户

文件UDPecho.c说明了使用UDP的客户是如何访问ECHO服务的。

```
/* UDPecho.c —main, UDPecho */

#include <unistd.h>
#include <stdlib.h>
#include <string.h>
#include <stdio.h>

extern int errno;

int UDPecho (const char *host, const char *service);
int errexit(const char *format …);
int connectUDP (const char *host, const char *service);

#define LINELEN 128

/*------------------------------------------------------------------
 * main—UDP client for ECHO service
 *------------------------------------------------------------------
 */
int
main(int argc, char *argv[])
{
char *host="localhost";
       char *service="echo";

       switch(argc) {
       case 1:
       host="localhost";
              break;
       case 3:
              service=argv[2];          /* FALL THROUGH */
       case 2:
              host=argv[1];
              break;
       default:
```

```
fprintf(stderr,"usage: UDPecho [host[port]] \n");
            exit(1);
}
        UDPecho (host, service);
        exit(0);
}

/*-----------------------------------------------------------------
 * UDPecho—send input to ECHO service on specified host and print reply
 *-----------------------------------------------------------------
 */
int
UDPecho (const char * host, const char * service)
    {
        char buf[LINELEN+1];      /* buffer for one line of text */
        int s, nchars;            /* socket descriptor, read count */

    s=connectUDP (host, service);

    while(fgets (buf, sizeof(buf), stdin)) {
    buf[LINELEN]='\0';            /* insure null terminated */
            nchars=strlen(buf);
            (void) write(s, buf, nchars);
            if(read (s, buf, nchars)<0)
            errexit("socket read failed: %s\n", strerror(errno))
    fputs (buf, stdout);
    }
}
```

这个 UDPecho 客户的例子遵循了和 TCP 版本一样的一般性算法。它重复地读取输入行，将其发送给服务器，再读取由服务器返回的这些数据，并将其打印出来。UDP 与 TCP 版本之间的最大区别在于它们如何处理从服务器收到的数据。因为 UDP 是面向数据报的，客户将一个输入行作为一个单元，将其放置在单独的数据报中。与此类似，ECHO 服务器接收并返回整个数据报。因此，TCP 客户把传入数据作为字节流来读取。而 UDP 客户要么收到了由服务器返回的整个行，要么什么都没有收到；除非出现差错，否则每次调用 read 都返回整个行。

6.18 小结

客户程序是最简单的网络程序之一。客户在能够通信之前必须获得服务器的 IP 地址和协议端口号。为增加灵活性，客户程序常常要求用户在启动客户时指明服务器。接着，客户便将服务器的地址从点分十进制表示法转换为二进制表示法，或者使用域名系统将文本形式的计算机名转换为 IP 地址。

TCP 客户算法简单明了：TCP 客户分配一个套接字，并将其与某个服务器连接。客户使用 send 向服务器发送请求，并使用 recv 接收应答。一旦结束使用某个连接，要么由客户，要么由服务器调用 close 将其终止。

虽然客户必须明确指明它所期望与之通信的服务器的端点地址，但它可以允许 TCP/IP 软件选择一个未使用的协议端口号，并填入正确的本地 IP 地址。这样做避免了在如下情况中会产生的问题：在路由器或多接口主机中，当某个客户不小心选择了一个 IP 地址，但这个地址与传送业务流所要通过的接口的 IP 地址不同。

客户使用 connect 为套接字指明远程端点的地址。当使用 TCP 时，connect 采取了三次握手方式以保证通信是可行的。当使用 UDP 时，connect 仅仅记录下服务器的端点地址以备后用。

如果客户和服务器都不能确切知道通信将在何时结束，那么关闭 TCP 连接可能会引起困难。为解决这个问题，套接字接口提供了 shutdown 原语，该原语引起部分关闭，并让另一方知道不再会有数据到达。客户使用 shutdown 关闭到服务器的路径，服务器在此连接上收到 end-of-file 信号，指明客户已结束。在服务器发送完最后的响应后，就使用 close 终止连接。

定义了各种协议的 RFC，还针对客户代码建议了算法和实现技术。Steven 在 1997 年也回顾了客户的实现。

编程中程序员利用过程抽象的方法可使程序灵活，并且易于维护和隐藏细节，还可使程序易于移植到新的计算机中。在程序员编写和调试完一个过程后，他将该过程放在一个库中，这个库可以容易地在许多程序里重新使用。过程库对使用 TCP/IP 的程序来说特别重要，因为这些程序往往运行于多台计算机上。

本章给出一个过程库的例子，可以用来创建客户软件。库中有两个主要过程：connectTCP 和 connectUDP，它们使得为某台指定主机上的某个指定服务分配和连接一个套接字更为简单。

本章给出几个客户应用的例子。每个例子都包含了实现某个标准应用协议的全部 C 程序，这些应用协议是 DAYTIME(用于获得当日时间并按人们可读的格式打印)、TIME(用于获得 32b 整数形式的时间)以及 ECHO(用于测试网络连通性)。这些例子代码展示了一个过程库怎样隐藏与套接字分配有关的许多细节，还展示了怎样使编写客户软件更加容易。

在这里所描述的应用协议都是 TCP/IP 标准的一部分。Postel 写的 RFC 867 含有 DAYTIME 协议的标准；Postel 和 Harrenstien 写的 RFC 868 包含了 TIME 协议的标准；Postel 写的 RFC 862 包含了 ECHO 协议的标准。Mills 写的 RFC 1305 说明了网络时间协议(network time protocol, NTP)的第三版。

习题

6.1　阅读有关 sendto 和 recvfrom 两个套接字调用的资料。它们工作于使用 TCP 的套接字还是使用 UDP 的套接字?

6.2　编写一个程序,确定计算机在没有发送或接收任何分组时,是否使用了网络字节顺序?

6.3　当域名系统解析某个计算机名时,为什么返回一个或多个 IP 地址?

6.4　试构建一个客户软件,它使用 gethostbyname 查询在你的网点中的计算机名,并打印所有返回的信息。哪个正式名(如果有)让你感到奇怪?你打算使用正式的计算机名还是别名?描述一下别名不能正确工作的情况(如果有)。

6.5　测量查询一个计算机名(gethostbyname)和查询一个服务条目(getservent)所要求的时间。就合法名字和非法名字重复这个测试。查询一个非法名字较查询一个合法名字要花费更长的时间吗?解释你所观察到的任何不同之处。

6.6　当你使用 gethostbyname 查找 IP 地址时,使用一个网络监视仪看看你的计算机所产生的网络通信量。为你知道的每个计算机名多次进行这个实验。解释各个查找间的网络通信量的不同。

6.7　为测试你的计算机的本地字节顺序是否和网络字节顺序一样,编写一个程序,它使用 getservbyname 查找针对 UDP 的 ECHO 服务,并打印查找到的协议端口号。若本地字节顺序和网络字节顺序是一样的,该值应为 7。

6.8　编写一个程序,它分配一个本地协议端口号,关闭该套接字,延时几秒后,再分配另一个本地端口。在空闲的计算机和繁忙的分时系统中分别运行这个程序。在每个系统中,你的程序收到了哪个端口值?若它们不同,解释原因。

6.9　在什么环境下,客户程序可以使用 close 代替 shutdown?

6.10　在每次启动时,客户可以使用相同的协议端口号吗?为什么?

6.11　用程序 TCPdaytime 联系多台计算机中的服务器。它们各自怎样格式化时间和日期?

6.12　Internet 标准用一个 32b 的整数表示时间,该整数给出自起始点(1900 年 1 月 1 日午夜)所经历的秒数。多数 UNIX 操作系统也用以秒为单位的一个 32b 整数表示时间,但把 1970 年 1 月 1 日作为起点。各个系统所能表示的最大时间和日期是什么?

6.13　增强 TIME 客户的功能,使它能够检查接收到的数据,看看它是否比 1996 年 1 月 1 日大(或者其他你所知道的最近日期)。

6.14　修改 TIME 客户使它计算 E 值,E 是客户发送请求和它接收到响应之间所逝去的时间。把服务器所发送的时间值加上 E 的 1/2。

6.15　构建一个 TIME 客户程序,用它联系两个 TIME 服务器,并报告这两个服务器所返回的时间的差异。

6.16　如果程序员将 TCPecho 客户的行的大小改变为任意长度(例如,20 000),解释这样如何会发生死锁。

6.17 本章所给出的 ECHO 客户没有验证它们从服务器所收到的文本是否和它们所发送出去的文本一样。修改程序，使它们验证接收到的数据。

6.18 本章所给出的 ECHO 客户没有对它所发送和接收的字符进行计数。如果服务器错误地发回了一个客户并没有发送的字符，这时会发生什么？

6.19 本章中 ECHO 客户的例子没有使用 shutdown。修改代码，使用 shutdown 关闭连接。

6.20 针对 6.19 题，解释为什么使用 shutdown 可以提高客户性能？

6.21 重写 UDPecho.c 的代码，使它生成一报文，发送该报文并对应答计时，通过这种方法来测试可达性。若应答在 5s 内来到达，它就声明该目的主机不可达。要保证在互连网络碰巧丢失了一个数据报时，至少能重发一次请求。

6.22 重写 UDPecho.c 的代码，使它每秒产生并发送一个新报文。检查应答以保证它们与所发送的相匹配，只报告各个应答往返所用的时间，不必打印报文的内容。

6.23 解释在下列情况下 UDPecho 会发生些什么：由客户发往服务器的某个请求重复了；由服务器发往客户的某个响应重复了；由客户发往服务器的某个请求丢失了；由服务器发往客户的某个响应丢失了。修改代码，使其能处理以上各种情况。

第7章 服务器软件算法及编程实例

7.1 引言

本章考虑服务器软件的设计，讨论一些基本问题，包括：无连接的和面向连接的服务器的访问，无状态的和有状态的服务器的应用，以及循环和并发服务器的实现。本章描述了每种方法的优点，还给出一些适用场合的例子。在这种场合下，某种方法是合适的。后面通过一些完整的服务器的例子来说明这些概念，每个例子都实现一个基本设计算法。

7.2 概念性的服务器算法

从概念上说，各个服务器都遵循一种简单的算法：创建一个套接字，将它绑定到一个熟知的端口上，并期望在这个端口上接收请求，接着便进入无限循环，在该循环中，服务器接受来自客户的下个请求，处理这个请求，构建应答，然后将这个应答发回给客户。

但是，这个并不复杂的概念性的算法只适用于最简单的服务。为理解其中的道理，考虑像文件传送这样的服务，它在处理每一请求时，要求有相当可观的时间。假设联系该服务器的第一个客户要求传送一个巨大的文件(例如，200MB)，而联系到该服务器的第二个客户要求传送一个小文件(例如 20B)。若服务器一直等到第一个文件传送完毕才考虑传送第二个文件，那么，第二个客户就将为了一个小文件的传送而等待一段不合理的时间。因为请求很小，第二个客户期望可以得到立即处理，大多数实用的服务器确实能迅速地处理小请求，因为这些服务器一次可以处理多个请求。

7.3 并发服务器和循环服务器

循环服务器(iterative server)描述在一个时刻只处理一个请求的一种服务器。并发服务器(concurrent server)描述在一个时刻可以处理多个请求的一种服务器。事实上，多数服务器并没有用于同时处理多个请求的冗余设施，而是提供一种表面上的并发性，方法是依靠多个执行线程，每个线程处理一个请求。我们会看到，用其他方法实现并发也是可行的，选择什么方法取决于应用协议。具体地说，如果服务器相对它所执行的I/O来说，只执行了一小点计算，那么，用一个单执行线程来实现是可能的，这个单线程使用异步I/O，以便允许同时使用多个通信信道。从客户的角度看，服务器看上去就像在并发地与多个客户通信。这里的要点：

> 并发服务器这个术语是指服务器是否并发地处理多个请求，而不是指下层的实现是否使用了多个并发执行线程。

一般来说，并发服务器更难设计和构建，其最终的代码也更复杂并且难于修改。然而，大多数程序员还是选择了并发实现的方法，因为循环服务器会在分布式应用中引起不必要的时延，而且可能会成为影响许多客户应用程序的性能瓶颈。概括如下：

> 使用循环方法实现的服务器易于构建和理解，但结果会使其性能很差，因为这样的服务器要使客户等待服务。相反，以并发方法实现的服务器难于设计和构建，但却有较好的性能。

7.4 面向连接的和无连接的访问

连接性(connectivity)问题是传输协议的中心，而客户使用传输协议访问某个服务器。TCP/IP 协议族给应用提供两种传输协议，TCP 提供一种面向连接的传输服务，而 UDP 提供了一种无连接的传输服务。因此，由定义可知，使用 TCP 的服务器是面向连接的服务器，而那些使用 UDP 的服务器是无连接的服务器。

尽管将这个术语用到了服务器上，但如果将其限制在应用协议上则会更准确些，因为，在无连接的实现和面向连接的实现之间进行选择依赖于应用协议。在设计上使用面向连接的传输服务的应用协议，当实际中使用了无连接的传输服务的应用协议时，也许会不能正确地运行或者是不能有效地运行。概括地说：

> 当考虑各种服务器实现策略的优缺点时，设计者必须记住，所使用的应用协议可能会限制某些或者所有的选择方案。

7.5 服务器需要考虑的几个问题

7.5.1 传输层协议的语义

TCP 和 UDP 是 TCP/IP 协议族的两个主要传输协议，它们在很多方面是不同的。前面已讲过，TCP 提供面向连接的服务，UDP 提供无连接的服务。然而，两者最大的不同来自它们提供给应用的语义。

1. TCP 语义

点到点通信(point-to-point communication)。TCP 只提供给应用面向连接的接口。TCP 连接是点到点的，因为它只包括两个点：客户应用程序在一端，服务器在另一端。

建立可靠连接(reliable connection establishment)。TCP 要求客户应用程序在与服务器交换数据前，先要连接服务器，保证连接可靠建立。建立连接测试了网络的连通性，如果有故障发生，阻碍了分组到达远程系统，或者服务器不接受连接，那么，连接企图就会失败，客户就会得到通知。

可靠交付(reliable delivery)。一旦建立连接，TCP 保证数据将按发送时的顺序交付，没有丢失，也没有重复。如果因为故障而不能可靠交付，发送方会得到通知。

具有流控的传输(flow-controlled transfer)。TCP 控制数据传输的速率，防止发送方传送数据的速率快于接收方的接收速率。因此，TCP 可以用于从快速计算机向慢速计算机传送数据。

双向传输(full-duplex transfer)。在任何时候，单个 TCP 连接都允许同时双向传送数据，而且不会相互影响。因此，客户可以向服务器发送请求，而服务器可以通过同一个连接发送回答。

流模式(stream paradigm)。TCP 从发送方向接收方发送没有报文边界的字节流。

2. UDP 语义

多对多通信(many-to-many communication)。与 TCP 不同，UDP 在可以进行通信的应用的数量上，具有更大的灵活性。多个应用可以向一个接收方发送报文，一个发送方也可以向多个接收方发送数据。更重要的是，UDP 能让应用使用底层网络的广播或组播设施交付报文。

不可靠服务(unreliable service)。UDP 提供不可靠交付语义，即报文可以丢失、重复或者失序。它没有重传设施，如果发生故障，也不会通知发送方。

缺乏流控制(lack of flow control)。UDP 不提供流控制——当数据报到达的速度比接收系统或应用的处理速度快时，只是将其丢弃而不会发出警告或提示。

报文模式(message paradigm)。UDP 提供了面向报文的接口，在需要传输数据时，发送方准确指明要发送的数据的字节数，UDP 将这些数据放置在一个外发报文中。在接收机上，UDP 一次交付一个传入报文。因此，当有数据交付时，接收到的数据拥有和发送方应用所指定的一样的报文边界。

7.5.2 选择传输协议

人们称使用 TCP 的服务器为面向连接的，称使用 UDP 的服务器为无连接的。如果把这两个术语限制在称呼应用协议而不是服务器上，可能会更准确，因为这里不仅仅是一个实现细节的问题。对传输协议的选择取决于应用协议，如果设计上应使用 TCP 可靠交付语义的应用协议却在 UDP 上发送报文，也许不能正确或有效执行。小结如下：

> 由于 TCP 和 UDP 的语义极其不同。如果不考虑应用协议所要求的语义，设计者就不能在面向连接和无连接的传输协议间做出选择。

7.5.3 面向连接的服务器

面向连接的服务器的主要优点在于易于编程。特别是，因为传输协议自动处理分组丢失和交付失序问题，服务器就不需要对这些问题操心了。面向连接的服务器只需要管理和使用这些连接。服务器接受来自某个客户的传入连接，然后通过这个连接发送所有的通信数据。它从客户接收请求并发送应答，最后在完成交互后关闭连接。

当连接保持在打开状态时，TCP 提供了所有需要的可靠性。重传丢失的数据，验证到达的数据没有传输差错，在必要时对传入数据进行重新排序。当客户发送请求时，TCP 要么将其可靠地交付，要么通知客户连接已经中断。与此类似，服务器可以依赖 TCP 交付响应或者通知它不能完成交付。

面向连接的服务器也有一些缺点。面向连接的设计要求对每个连接都有一个单独的套接字，而无连接的设计则允许从一个套接字上与多个主机通信。在操作系统中，套接字的分配和最终连接的管理可能特别重要，这个操作系统必须永远运行下去而不能耗尽资源。对简单的应用来说，用于建立和终止连接的三次握手过程使 TCP 比起 UDP 来开销要大。最重要的缺点是 TCP 在空闲的连接上不发送任何分组。假设客户与某个服务器建立了连接，并与之交换请求和响应，接着便崩溃了。因为客户已经崩溃，就不会再发送任何请求，然而，服务器到目前为止对它收到的所有请求都已进行了响应，便不会再向客户发送更多的数据了。在这种情况下，问题出在资源的使用上：服务器拥有分配给该连接的数据结构（包括缓存空间），并且这些资源不能被重新分配。应记住，服务器必须设计成始终在运行，如果不断有客户崩溃，服务器就会耗尽资源（例如，套接字、缓存空间和 TCP 连接）从而终止运行。

7.5.4 无连接的服务器

无连接的服务器也有其优缺点。尽管无连接的服务器没有资源耗尽问题的困扰，但它们不能依赖下层传输提供可靠的投递，通信的一方或者双方必须要担当可靠性方面的责任。通常，如果没有响应到达，客户要承担重传请求的责任。如果服务器需要将其响应分为多个数据分组，它可能还需要实现重传机制。

通过超时和重传获得可靠性可能十分困难。实际上，这需要对协议设计具备相当的专业知识。由于 TCP/IP 运行于互联网环境中，其端到端的时延变化很快，因而使用固定的超时值将无法正常工作。许多要设计自己可靠性策略的程序员都体会到了其中的难处。应用程序只是在具有很高可靠性和很小时延变化的局域网上进行过测试，当将其转移到广域互联网（可靠性低且时延变化大）时，简单的重传超时机制就会失败。为适应互联网环境，重传策略必须具有自适应性。因此，为了能在全球因特网上正常工作，使用 UDP 的应用程序必须实现一种与 TCP 所用的一样复杂的重传机制。鉴于此，我们鼓励新程序员使用面向连接的传输。

> 由于 UDP 不提供可靠交付，无连接传输要求应用协议提供可靠性，并在必要时，使用一种称为自适应重传的复杂技术。为现有的应用程序增加自适应重传比较困难，它需要程序员具有相当的专业知识。

在选择无连接还是面向连接传输时，另一个要考虑的因素取决于该服务是否需要广播或组播通信。由于 TCP 只提供点到点通信，它不允许应用访问广播或组播设施（这种服务要求使用 UDP）。因此，任何一个接受或响应组播通信的服务器必然是无连接的。

实际上,大多数网点都试图尽可能避免广播;目前标准的 TCP/IP 应用协议都不需要组播。但是,将来的应用可能会更多地依赖组播。

7.5.5 服务器的故障、可靠性和无状态

如第 2 章所述,服务器所维护的与客户交互活动的信息,称为状态信息。不保存任何状态信息的服务器称为无状态服务器,而维护状态信息的服务器称为有状态服务器(stateful server)。

应记住在互联网中,信息可能出现丢失、重复、延迟或者失序交付等故障。如果传输协议不能保证可靠交付(UDP 就不保证可靠交付),那么应用协议的设计就必须要保证可靠。无状态的问题源于对确保可靠性的需求,尤其在使用无连接的传输时更是如此。此外,实现服务器时要谨慎一些,以免无意间引入了状态依赖性和低效性。

7.5.6 优化无状态服务器

为理解优化过程所涉及的微小细节,考虑一个无连接服务器,它允许客户从存储在服务器计算机磁盘上的文件中读取信息。为保持协议无状态,设计者要求每个客户请求都指定一个文件名、文件中的位置及读取的字节数。大多数简单的服务器实现将独立地处理每个请求:它打开指定的文件,寻址到指定的位置,读取指明数量的字节,将信息发回客户,然后关闭文件。

设计服务器的聪明的程序员将注意到:①文件打开和关闭的额外开销较高;②使用该服务器的客户每次请求可能只读取十来个字节;③客户通常按顺序读取文件数据。此外,程序员根据经验了解到,服务器从内存缓冲区读取数据比从磁盘读取数据的速度快几个数量级。因此,为优化服务器性能,程序员决定维护很小的文件信息表,如图 7-1 所示。服务器使用客户的 IP 地址和协议端口号找到某一项。这种优化引入了状态信息。

程序员把客户的 IP 地址和协议端口号作为表的索引来使用,并使表的每个条目包含一个指针,该指针指向大的数据缓存,缓存中的数据来自正在读取的文件。当客户发出第一个请求后,服务器在表中进行查找,结果发现没有客户的记录。于是,它便分配一块大的缓存以容纳来自文件的数据,还在表中分配新的条目以指向缓存,打开指定的文件并把其中的数据读取到缓存中。当要构建应答时,它便从缓存中复制数据。到下一次,收到从同一个客户来的请求,服务器在表中发现匹配的条目,便沿着指针找到缓存,从这个缓存中读取数据而不必打开文件。客户一旦读取了整个文件,服务器便撤销缓存以及在表中的条目,使资源可以被其他客户所使用。

当然,聪明的程序员会小心地构建软件,进行检查以便确保所请求的数据在缓存中,如有必要可以再从文件中将数据读取到缓存中。服务器还将在请求中所指明的文件与表中条目里的文件名进行比较,以便验证客户是否还在使用与前一请求相同的文件。

如果客户遵循以下所列的假设,并且程序员是仔细的,那么在服务器中加入大的文件缓存和简单的表可以显著地提高其性能。此外,在以上给定的假设下,服务器优化的版本

有关客户使用的文件的信息表

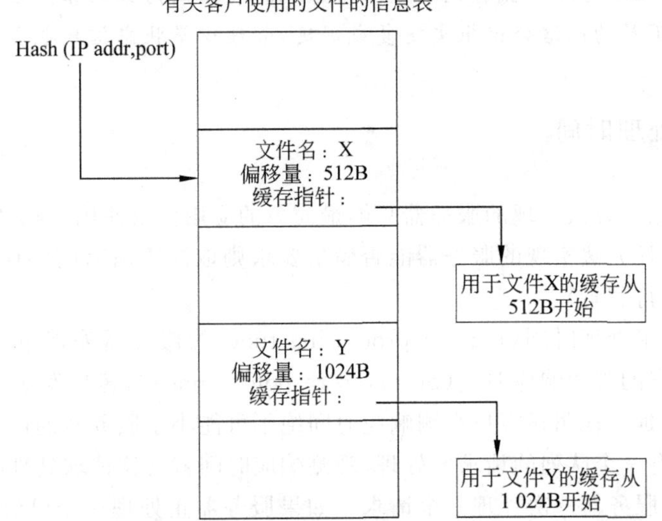

图 7-1 为优化服务器性能而保存的信息表

至少和最初的版本一样快，因为服务器在维护数据结构上所花费的时间比从磁盘读取数据所需的时间要少。如此看来，这种优化可以提高性能而不会有任何坏处。

在服务器中加入所建议的表，就以一种微妙的方法改变了服务器，因为这种方法引入了状态信息。当然，如果选择状态信息欠仔细，就会产生差错表现在服务器的响应上。例如，如果服务器使用客户的 IP 地址和协议端口号来寻找缓存，但不检查文件名或请求中的文件偏移地址，重复的或者失序的请求会使服务器返回不正确的数据。但是要记住，设计该程序优化版本的程序员是聪明的，并在服务器中编写了检查每个请求的文件名和文件偏移地址的程序。因此，增加状态信息是不会改变服务器响应方式的。事实上，如果程序员是小心谨慎的，协议会保持正确。那么，状态信息还会带来什么坏处呢？

遗憾的是，当计算机、客户程序或者网络出故障时，哪怕一点点状态信息也会使服务器表现得很糟糕。为理解其中的原因，考虑如下情况：一个客户程序出现故障(即崩溃了)，必须重启动。因此很可能会出现：客户要求一个任意的协议端口号，而 UDP 分配给它一个新的协议端口号，不同于分配给先前那个请求的协议端口号。当服务器收到来自客户的请求时，不可能知道该客户已崩溃并重启动了，所以对该文件分配了新的缓存并在表中分配了新的条目。其结果是服务器不能知道该客户所使用的旧表的条目应被删除。如果服务器没有删除旧表的条目，它终究会耗尽表的条目。

只要服务器在它需要新的条目时能够选择一个可删除的条目，那么在表中留有一些没用的条目看来不会引起什么问题。例如，服务器可能会选择删除最近最少使用的(least recently used,LRU)条目的方法，这非常像用于许多虚存储器系统中的 LRU 页替换策略。然而在网络中如果有多个客户要访问单个服务器，经常性的崩溃可能会使客户支配这个表，在表中填上不再使用的条目。最坏的情况是到达的每个请求会使服务器删除一个条目并重用之。若某个客户的崩溃和重启动足够经常，可能会使服务器删除合法客户的条目。因此，与对请求的回答相比，管理这个表和缓存要使服务器费更大的劲。要点如下：

在优化无状态服务器时，程序员必须极其小心，因为如果客户经常崩溃和重启动，或者下层的网络会使报文重复或迟延，管理少量状态信息也会消耗资源。

7.5.7 请求处理时间

一般来说，循环方法实现的服务器只够最简单的应用协议使用，因为它们使各个客户按顺序等待。循环方法实现的服务器能否满足要求则取决于所需的响应时间(这可以在本地或全局网进行测量)。

服务器的请求处理时间(request processing time)为服务器处理单个孤立的请求所花费的时间，客户的观测响应时间(observed response time)为客户发送请求至服务器响应之间的全部时延。很明显客户观测响应时间绝不可能小于服务器的请求处理时间。然而，如果服务器有一个队列的请求要处理，观测响应时间就会比请求处理时间大得多。

循环实现的服务器一次处理一个请求。如果服务器正处理一个已经存在的请求时，另一个请求到达了，系统便将这个新的请求排队。服务器一旦处理完一个请求，它便查看队列中是否有新的请求需要处理。若 N 代表请求队列的平均长度，对刚刚到达的请求来说，观测响应时间大约是 $N/2+1$ 个服务器的请求处理时间。因为观测响应时间的增长与 N 成比例，所以大多数实现中将 N 限制为一个很小的值(例如，5)，而对那些小队列不能满足需要的情况，希望程序员使用并发服务器。

一个循环的服务器是否够用？看待这一问题的另一种方式是关注于服务器所必须处理的全部负载。假定一个服务器的设计能力可处理 K 个客户，而每个客户每秒发送 R 个请求，则此服务器的请求处理时间必须小于每请求 $1/KR$ 秒。如果服务器不能以所要求的速率处理完一个请求，那么进入等待的请求队列最终将溢出。为避免使可能具有很长请求处理时间的服务器溢出，设计者必须考虑并发实现。

7.6 服务器的四种基本类型

服务器可以是循环的或并发的，可以使用面向连接的或无连接的传输。图 7-2 表示这些属性把服务器划分成四种基本的类型，由是否提供并发性以及是否使用面向连接的传输为标准。

循环的 无连接	循环的 面向连接
并发的 无连接	并发的 面向连接

图 7-2 服务器的四种基本类型

7.7 循环服务器的算法

循环服务器的设计、编程、排错和修改是最容易的。因此,只要循环执行的服务器对预期的负载能提供足够快的响应时间,多数程序员会选择一种循环的设计。循环服务器往往对由无连接的访问协议所访问的简单服务工作得最好。然而,正如 7.8 节和 7.9 节所述,在使用循环方法实现的服务器中,使用无连接的和面向连接的传输都是可能的。

7.8 循环的、面向连接的服务器的算法

算法 7-1 给出了通过 TCP 面向连接的传输访问的循环服务器的算法。单个执行线程一次处理一个来自客户的连接。下面几节将详细描述各个步骤。

算法 7-1

1. 创建套接字并将其绑定到它所提供服务的熟知端口上。
2. 将该端口设置为被动模式,使其准备为服务器所用。
3. 在该套接字上接受下一个连接请求。获得该连接的新的套接字。
4. 重复地读取来自客户的请求,构建响应,按照应用协议向客户发回响应。
5. 当与某个特定客户完成交互时,关闭连接,并返回步骤 3 以接受新的连接。

7.8.1 用 INADDR_ANY 绑定熟知端口

服务器需要创建套接字并将其绑定到所提供服务的熟知端口上。如同客户一样,服务器使用过程 getportbyname 将服务名映射到相应的熟知端口上。例如,TCP/IP 定义了 ECHO 的服务器。实现 ECHO 的服务器利用 getportbyname 将字符串"echo"映射到指派的端口 7。

当 bind 为某个套接字指明某个连接端点时,它使用了结构 sockaddr_in,该结构中含有 IP 地址和协议端口号。因此,对一个套接字,bind 不能只指明协议端口号而不指明 IP 地址。但是,选择指明的 IP 地址,使服务器在此地址上接受连接,会引起一些困难。对只有一个网络连接的主机来说,选择地址很明显,因为该主机只有一个 IP 地址。然而,路由器或多接口计算机拥有多个 IP 地址。如果服务器在将套接字绑定到某个协议端口号时,若它指明了某个特定的 IP 地址,套接字将不接收客户发到该计算机其他 IP 地址上的通信内容。

为解决这个问题,套接字接口定义了一个特殊的常量——INADDR_ANY,它可以代替 IP 地址 INADDR_ANY 指明了一个通配地址(wildcard address),与该主机的任何一个 IP 地址都匹配。使用 INADDR_ANY 使得在多接口计算机上的单个服务器可以接收这样的通信,即传入数据的目的地址是该主机的任一个 IP 地址。概括地说:

> 当为套接字指明本地端点时,服务器使用 INADDR_ANY 以取代某个特定的 IP 地址。这就允许套接字接收发给该计算机的任一个 IP 地址的数据报。

7.8.2 将套接字置于被动模式

使用 TCP 的服务器调用 listen 将套接字置于被动模式。listen 还有一个参数用来指明该套接字的内部请求队列的长度。请求队列保存着一组 TCP 传入连接请求，这些连接请求来自客户，每个客户都向这个服务器请求了一个连接。

7.8.3 接受连接并使用这些连接

TCP 服务器调用 accept 获得下一个传入连接请求（即把它从请求队列中取出）。该调用返回用于新的连接的套接字描述符。服务器一旦接受了新的连接，它就使用 read 获得来自客户的应用协议请求，并使用 write 发回应答。最后，服务器一旦结束使用这个连接，便调用 close 释放该套接字。

7.9 循环的、无连接的服务器的算法

我们还记得，循环服务器对那种具有小的请求处理时间的服务工作得最好。因为像 TCP 面向连接的传输协议，要比像 UDP 无连接的传输协议具有更高的额外开销，所以多数循环服务器使用无连接的传输。算法 7-2 给出了使用 UDP 的循环服务器的一般算法。单个线程每处理一个来自客户的请求（数据报）。

算法 7-2

1. 创建套接字并将其绑定到它所提供服务的熟知端口上。
2. 重复地读取来自客户的请求，构建响应，按照应用协议向客户发回响应。

为循环的、无连接的服务器创建套接字，这个过程与面向连接的服务器是一样的。该服务器的套接字将保持无连接的，而且可以接收来自任何客户的传入数据报。

套接字接口提供了两种指明远程端口的方式。第 6 章讨论了客户如何使用 connect 来指明某个服务器的地址。在客户调用 connect 之后，可使用 send 或 write 发送数据，因为套接字的内部数据结构包含了远程端点地址及本地端点地址。然而，无连接的服务器不能使用 connect，因为这样做会限制套接字，使其只能与一个特定的远程主机和端点通信，服务器也不能再使用该套接字接收来自任意客户的数据报。因此，无连接的服务器使用一个非连接的套接字。它明确地产生应答的地址，并且使用套接字调用 sendto，该调用既指明所发送的数据报，又指明它将去的地址，sendto 具有如下形式：

```
retcode=sendto(s, message, len, flags, toaddr, toaddrlen);
```

其中，s 为非连接的套接字；message 为缓存的地址，该缓存含有要发送的数据；len 指明缓存中的字节数；flags 指明排错或者控制选项；toaddr 为指向 sockaddr_in 结构的指针，该结构含有报文将发往的端点的地址；toaddrlen 为一个整数，它指明地址结构的长度。

套接字调用为无连接的服务器获得某个客户的地址提供了简单的途径：服务器从收到请求中的源地址获得应答的地址。实际上，套接字接口提供了一个调用，服务器可以使用该调用从下一个到达的数据报中接收发送者的地址。这个调用就是 recvfrom，有两个指定了两个缓存的参数。系统将到达的数据报放置在一个缓存中，还把发送者的地址放到第二个缓存中。对 recvfrom 的调用具有如下形式：

```
retcode=recvfrom(s, buf, len, flags, from, fromlen);
```

其中，s 指明了所使用的套接字；buf 指明了缓存，系统把收到的下一个数据报放到该缓存中；len 指明了缓存中的可用空间；flags 控制指定情况的处理(例如，只向下查看但并不从套接字中提取数据)；from 指明了第二个缓存，系统把源地址放置在这里；fromlen 指明了一个整数的地址。最初，fromlen 所指向的整数说明的是 from 缓存的长度，当该调用返回时，fromlen 将包含源地址的长度(即 from 缓存中数据项的长度)。服务器在请求到达时，用 recvfrom 存储在 from 缓存中的地址产生应答。

7.10 并发服务器的算法

将并发引入服务器中的主要原因是需要给多个客户提供快速响应时间。并发性将会缩短响应时间，如果：

- 构建要求有相当的 I/O 时间的响应；
- 各个请求所要求的处理时间变化很大；
- 服务器运行在具有多个处理器的计算机上。

对第一种情况，允许服务器并发地计算响应意味着，即使计算机只有一个 CPU，可以部分重叠地使用处理器和外设。当处理器忙于计算响应时，I/O 设备可以将数据传送到存储器中，而这可能是其他响应所需要的。对第二种情况，时间分片允许单个处理器处理那些只要求少量处理的请求，而不必要等待处理完那些需要很长处理时间的请求。对第三种情况，服务器在具有多个处理器的计算机上并发执行，这可以允许一个处理器为一个请求计算响应，而同时另一个处理器为另一个请求计算响应。实际上，大多数并发服务器自动适应下层的硬件——硬件资源(例如，更多的处理器)给得越多，这些服务器的性能就越好。要点如下：

> 并发服务器通过使处理和 I/O 部分重叠来达到高性能。这些服务器往往被设计成：如果服务器运行在提供了更多资源的硬件上，它们的性能会自动提高。

尽管服务器使用一个单执行线程达到某些并发性是可能的，但大多数并发服务器使用多线程。可以划分成两类：①主线程(master)最先开始执行。在熟知端口上打开一个套接字。等待下一个请求，并且为处理每个请求创建一个从线程(可能在一个新进程中)。②主线程不与客户直接通信。它将任务交给一个从线程，每个从线程处理与一个客户的通信。在从线程构成响应并将它发送给客户后，这个从线程便退出。

下面几节将更详细地解释主和从的概念，展示它们与无连接的和面向连接的服务器的关系,并介绍其他的实现方法。

7.11 并发的、无连接的服务器的算法

并发的、无连接的服务器的最简单的版本遵循算法 7-3。主服务器线程接收传入请求(数据报),并为处理每个传入请求而创建一个从线程(可能在一个新进程中)。

算法 7-3

主 1. 创建套接字并将其绑定到所提供服务的熟知端口上。让套接字保持为未连接。
主 2. 反复调用 recvfrom 接收来自客户的下一个请求。创建一个新的从线程(可能在一个新进程中)来处理响应。
从 1. 从来自主进程的特定请求及到该套接字的访问开始。
从 2. 根据应用协议构建应答,并用 sendto 将该应答发回给客户。
从 3. 退出(即从线程在处理完一个请求后便终止)。

程序员应记住,尽管创建一个新线程/进程的精确开销依赖于操作系统和下层的体系结构,但这个操作可能还是很昂贵的。在无连接协议的情况下,程序员必须仔细考虑并发性的开销是否会比在速率上的获益大。实际上:

> 因为创建进程/线程是昂贵的,因此只有很少的无连接服务器来用并发实现。

7.12 并发的、面向连接的服务器的算法

面向连接的应用协议使用连接作为其通信的基本模式。它们允许客户同服务器建立连接,在这个连接上进行通信,之后便将此连接丢弃。在大多数场合下,客户和服务器之间的连接将处理不只一个请求,协议允许客户重复地发送请求和接收响应,而不必终止这个连接或创建新的连接。因此,

> 面向连接的服务器在多个连接之间(而不是在各个请求之间)实现并发性。

算法 7-4 给出了并发服务器使用面向连接协议的步骤。主服务器线程接受传入连接,并为每个连接创建一个从线程/进程以便对其进行处理。从线程处理完毕后,就关闭这个连接。

算法 7-4

主 1. 创建套接字并将其绑定到所提供服务的熟知端口上。让该套接字保持为未连接的。
主 2. 将该端口设置为被动模式,使其准备为服务器所用。
主 3. 反复调用 accept 以便接收来自客户的下一个连接请求,并创建一个新的从线程/进程来处理响应。
从 1. 由主进程传递来的连接请求(即针对连接的套接字)开始。
从 2. 用该连接与客户进行交互:读取请求并发回响应。
从 3. 关闭连接并退出。在处理完来自客户的所有请求后,从线程就退出。

就像无连接时的情况,主线程从来不同客户直接进行通信。只要新的连接已到达,主线程就创建一个从线程来处理这个连接。在从线程同这个客户进行交互时,主线程等待其他的连接。

7.12.1 服务器并发性的实现

因为 Linux 提供了两种形式的并发性——进程和线程,所以有两种常见的主-从模式实现。一种是服务器创建多个进程,每个进程都有一个执行线程;另一种是服务器在一个进程中创建多个执行线程。图 7-3 说明了这两种形式。

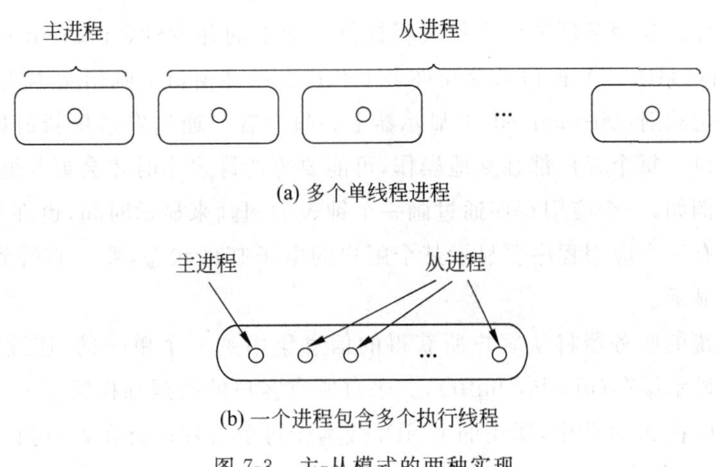

图 7-3 主-从模式的两种实现

后面章节将对两种实现加以说明。其都包含一个遵循算法 7-4 的服务器的例子。本章的实现采用了图 7-3(a)的方法,主-从都由一个单线程的进程实现。第 8 章的实现则按照图 7-3(b)的方法,主-从都由线程实现,但所有的线程都在同一个进程里面。第 8 章对两种实现做了比较,并讨论了各自的优缺点。

7.12.2 把单独的程序作为从进程来使用

算法 7-4 说明了并发服务器如何为每个连接创建一个新的从线程。在单线程的进程实现中,主进程是通过 fork 系统调用做到这点的。对简单的应用协议来说,单个服务器的程序就可以包含主进程和从进程所需的全部代码。调用 fork 后,原进程又循环回去接受下一个传入连接,而新进程成为处理这个连接的从进程。然而在有些场合,让从进程执行一个单独编写和编译的程序也许更方便。像 Linux 这样的系统可以容易地处理这种情况,因为它允许从进程在调用 fork 后再调用 execve。execve 会用新程序的代码覆盖从进程。其一般思想:

对许多服务来说,单个程序可以既包含主进程也包含从进程的代码。当一个独立的程序使从进程易于编程或理解时，主程序可以在调用 fork 之后，包含对 execve 的调用。

7.13 使用单线程获得表面上的并发性

前面几节讨论了用并发线程/进程实现的并发服务器。然而在某些场合，使用单个执行线程来处理客户的请求也是有意义的。特别是，有些操作系统创建线程/进程的开销十分昂贵，以至于服务器无法承担为每个请求或每个连接创建一个新线程/进程的重负。更重要的是，许多应用要求服务器在多个连接中共享信息。

要理解为什么让服务器的一个单线程提供表面上的并发性(apparent concurrency)，考虑一下 *X* 窗口系统。*X* 窗口系统允许多个客户在一些窗口上画出文本或图像，这些窗口出现在一个位映射(bit-mapped)的显示器上。每个客户通过发送更新窗口内容的请求来控制一个窗口。每个客户都独立地操作，可能要等待许多小时才会更改显示，或者会经常更新显示。例如，一个应用程序通过画一个钟表的图画来显示时间，也许每分钟更新一次显示。同时有一个应用程序要显示某个用户的电子邮件状态，要一直等到有新邮件到来时才会改变显示。

X 窗口系统的服务器将从客户所获得的信息集中到一个单一的、连续的存储器中，该存储器称为显示缓存(display buffer)。来自所有客户的数据都投给了一个单一的共享数据结构，而且，在 X 设计中，所用的 UNIX 版本让每个进程运行在各自独立的地址空间中，它们不能共享存储器。然而 X 服务器确实需要提供并发服务。

尽管可能通过共享存储器的线程达到期望的并发性，但如果出现在服务器中的全部请求没有超过服务器处理它们的能力，那么，获得表面上的并发性也是可能的。为此，服务器作单个执行线程来运行，使用 select 系统调用进行异步 I/O。算法 7-5 描述了单线程服务器要处理多个连接所要采取的步骤。服务器线程等待下一个准备就绪的描述符，这个新的描述符意味着一个新的连接的到达，或者是某个客户在已有的连接中发送了一个请求。

算法 7-5

1. 创建套接字并将其绑定到这个服务的熟知端口上。将套接字加到一个表中，该表中的项是可以进行 I/O 的描述符。
2. 使用 select 在已有的套接字上等待 I/O。
3. 如果最初的套接字准备就绪，使用 accept 获得下一个连接，并将这个新的套接字加入到表中，该表中的项是可以进行 I/O 的描述符。
4. 如果是最初的套接字以外的某些套接字准备就绪，就使用 recv 或 read 获得下一个请求，构建响应，用 send 或 write 将响应发回给客户。
5. 继续按以上的步骤 2 进行处理。

7.14 各服务器类型所适用的场合

循环的和并发的：循环的服务器容易设计、实现和维护，但是并发的服务器可以对请求提供更快的响应。如果请求处理时间很短，而且循环方案产生的响应时间对应用来说已足够快了，那么就可以使用一种循环的实现方法。

真正的和表面上的并发性：只有一个线程的服务器依靠异步 I/O 管理多个连接；而多线程的实现(不管是多个单线程的进程，还是一个进程有多个线程)允许操作系统自动提供并发性。如果创建线程或切换环境的开销很大，或者服务器必须在多个连接之间共享或交换数据，那么可使用单线程的方案；如果使用线程的开销不大，而且服务器必须在多个连接之间共享或交换数据，那么可使用多线程的方案；如果每个从进程可以孤立地运行或者为了要获得最大的并发性(例如，在多个处理器上)，那么可以使用多进程的方案。

面向连接的和无连接的：因为面向连接的访问意味着使用 TCP，所以暗示着可靠的交付。无连接的传输意味着使用 UDP，所以暗示着不可靠的交付。只有在应用协议处理可靠性问题(几乎没有这样做的)或每个客户访问它的服务器都是在同一个局域网中进行的(这只有极小的分组丢失率并且没有分组失序)，这时才使用无连接的传输。只要客户和服务器被广域网分隔，就要使用面向连接的传输。在没有检查应用协议是否处理了可靠性问题之前，绝不要将无连接的客户和服务器转移到广域网环境中。

7.15 服务器类型小结

1) 循环的、无连接的服务器

这是最常见的无连接服务器的形式，特别适用于要求对每个请求进行少量处理的服务。循环服务器往往是无状态的，这使其易于理解而且不易出错。

2) 循环的、面向连接的服务器

这是一种较常见的服务器类型，适用于要求对每个请求进行少量处理，但是要求有可靠的传输。因为与建立和终止连接相关的开销可能很高，平均响应时间可能并不短。

3) 并发的、无连接的服务器

这是一种不常见的服务器类型，服务器要为处理每个请求创建一个新线程/进程。在许多系统中，创建线程/进程所增加的开销决定了由并发性所获得的效率。为证明并发性是可取的，要么创建一个新线程/进程所要求的时间必须明显地小于计算响应所需的时间，要么并发的请求必须能够同时使用多个 I/O 设备。

4) 并发的、面向连接的服务器

这是最一般的服务器类型，因为它提供了可靠的传输(即它可用于跨越广域互联网)及并发处理多个请求的能力。有两个基本的实现方法：最常见的实现使用了并发进程或并发线程来处理每个连接；还有一个很不常见的实现方法是依赖单线程和异步 I/O 处理多个连接。

在并发进程的实现方法中，主服务器线程为每个连接创建一个从进程，以便对其进行处理。使用多进程使如下情况变得容易,即为每个连接执行一个单独编译的程序,而不是将所有代码放在一个单独的、巨大的服务器程序中。

在单线程实现中,一个执行线程管理多个连接,通过使用异步 I/O 来达到表面上的并发性。服务器反复地在它所打开的连接上等待 I/O,收到请求便进行处理。由于单个线程处理所有的连接,就可以在多个连接之间共享数据。然而,因为服务器只有一个线程,即使在一个具有多个处理器的计算机上,处理请求的速度也不会比循环服务器更快。应用程序必须共享数据或者对每个请求的处理时间很短,只要在这种情况下这种服务器实现方案才是可取的。

7.16 重要问题——服务器死锁

许多服务器实现都有一个共同的缺陷:服务器可能会被死锁所困扰。为理解为什么会出现死锁,考虑一个循环的、面向连接的服务器。假设某个客户应用程序 C 不能正常工作。在最简单的情况下,假设 C 同某个服务器建立了一个连接,但从未发送过一个请求。服务器将接受这个新的连接,并且将调用 recv 或 read 来取出下一个请求。服务器进程将在该系统调用上被阻塞,它将在这里等待一个永远也不会到来的请求。

如果客户不能正常工作是由于不能处理响应,那么服务器可能会以一种更加微妙的方式产生死锁。例如,假设客户应用程序 C 同某个服务器建立了连接,向服务器发送了一系列请求,但从未读取响应。服务器不停地接收请求、产生响应,并将响应发回给客户。在服务器里,TCP 软件在这个连接上把最初的几个字节发送给客户。TCP 最终会将客户的接收窗口填满并停止传输数据。如果服务器应用程序继续产生响应,TCP 用于为该连接存储外发数据(outgoing data)的本地缓存将被填满,于是服务器将阻塞。

当操作系统不能满足一个系统调用时,会因调用程序的阻塞产生死锁。特别是,如果 TCP 没有本地缓存(用来存放已发送的数据),那么对 send 或 write 的调用将阻塞调用者;对 recv 或 read 的调用也将阻塞调用者;直到 TCP 接收到数据。对并发的服务器来说,如果某个客户发送请求或者读取响应失败了,只有与这个特定客户相关的一个从线程会阻塞。然而,对一个单执行线程的实现来说,这个中央服务器将阻塞。若这个中央服务器阻塞,它便不能处理其他连接。这里的要点是,任何只有一个线程的服务器可能会被死锁所困扰。

> 如果服务器使用了与客户通信时可能会阻塞的系统调用,一个不能正常工作的客户可能会引起单线程服务器死锁。在服务器中,死锁是一个严重的问题,因为它意味着一个客户的行为会使服务器不能处理其他客户的请求。

7.17 其他的实现方法

后面提供了本章所描述的服务器算法的例子,第 10 章和第 11 章扩充了这些概念,讨论了两个本章没有描述的重要的实际实现技术:多协议的和多服务服务器。尽管这两种技术都为某些应用提供了一些有趣的优点，但这里并没有包含它们，这是因为，最好把它们理解为对单线程服务器算法的简单的一般化，这种单线程服务器算法将在第 9 章中讨论。

7.18 循环的、无连接的服务器设计

前面讨论了多种可能的服务器设计，并比较了各种设计的优缺点。本节将给出一个循环的服务器实现的例子，它使用无连接的传输。该例服务器采用 7-2 算法。后几章，将继续通过举例讨论其他服务器算法的实现。

7.18.1 创建被动套接字

创建被动套接字的步骤与创建主动套接字类似。这里包括许多细节，并且为获得熟知的协议端口号，需要程序查找服务名。

为简化服务器代码，程序员应使用一些过程，以便隐藏套接字分配的细节。与客户的例子一样，我们的例子实现使用两个高层的过程——passiveUDP 和 passiveTCP，负责分配被动套接字，并将它绑定到服务器的熟知端口上。每个服务器根据服务器是使用无连接的传输还是面向连接的传输进行选择，由此决定调用这些过程中的哪一个。本节将研究 passiveUDP；7.19 节将展示 passiveTCP 的代码。两个过程在许多细节上有共同之处，它们都调用下层的过程 passivesock 来完成工作。

无连接服务器调用函数 passiveUDP，为它所提供的服务创建套接字。如果服务器需要使用为熟知服务保留的某个端口（即编号在低端的端口），服务器进程就必须有特权。任意一个应用程序可使用 passiveUDP 为无特权的服务创建套接字。passiveUDP 调用 passivesock 创建无连接的套接字，然后为其调用者返回套接字描述符。

为易于测试客户和服务器软件，passivesock 通过增加全局整数 portbase 的内容，重新分配所有的端口值。本质上，所有端口值都重新映射到更高的范围上。使用 portbase 的重要性将在后几章中弄得更清楚。但是，基本概念还是很容易理解的：

> 在给定计算机上，两个服务器不能使用相同的协议端口号。为了让程序员能在一台计算机上既测试新版的客户-服务器软件，又让现有的工作版本继续执行，可以临时将所有端口号映射到更高的范围上去。

使用 portbase 的主要优点是其安全性和通用性。首先，由于程序员不需要修改程序中引用端口号的地方，所以使用 portbase 发生错误（例如，在插入测试代码时不小心漏掉某些地方或在测试后忘记删除）的可能性就减少了。其次，portbase 是解决该问题的通用方法。除了允许在测试服务器新版本时，继续运行服务器工作版本外。采用 portbase 还允许同时测试多个服务器新版本，为此程序员只需给每个版本分配一个唯一的、非零的 portbase 值。这样，某个特定版本服务器传递给套接字 API 的端口号就不会与其他版本或运行服务器的端口号相冲突。其要点如下：

用全局变量提供端口映射使测试更安全,因为这样可以在不全面修改程序的情况下,同时测试服务器的多个版本。

```
/* passiveUDP.c—passiveUDP */
int passivesock(const char * service, const char * transport, int qlen);

/*-------------------------------------------------------------------
 * passiveUDP—create a passive socket for use in a UDP server
 *-------------------------------------------------------------------
 */
int
passiveUDP(const char * service)
/*
 * Arguments:
 * service—service associated with the desired port
 */
{
    return passivesock(service,"udp", 0);
}
```

过程 passivesock 含有分配套接字的细节,包括 portbase 的使用。带有三个参数:第一个参数指明一个服务名,第二个参数指明协议名,第三个参数(从用于 TCP 套接字)指明连接请求队列所需长度。作为第一个参数的字符串可以是服务的名字,也可以是服务的协议端口号,如果使用的是端口号,必须编码为字符串。passivesock 分配一个数据报或流的套接字,将套接字绑定到服务所用的熟知端口,然后为其调用者返回套接字描述符。

回想在服务器将套接字绑定到一个熟知端口时,必须使用结构 sockaddr_in 指明地址,该结构包括一个 IP 地址和一个协议端口号。passivesock 使用常量 INADDR_ANY (见第 8 章有关内容)代替特定的本地 IP 地址,这使得它既可在具有单个 IP 地址的主机上运行,也可在具有多个 IP 地址的路由器或多宿主机上运行。注意 passivesock 使用了一个指定的协议端口号。使用 INADDR_ANY 和指定端口号的含义是服务器将在计算机的任一 IP 地址上接收发给指定端口的数据。

```
/* passivesock.c—passivesock */

#include <sys/types.h>
#include <sys/socket.h>

#include <netinet/in.h>

#include <stdlib.h>
#include <string.h>
#include <netdb.h>
```

```
extern int errno;
int errexit(const char * format, …);
unsigned short portbase=0;          /* post base, for non-root servers */
/*-----------------------------------------------------------------------
 * passivesock—allocate & bind a server socket using TCP or UDP
 *-----------------------------------------------------------------------
 */
int
passivesock(const char * service, const char * transport, int qlen)
/*
     * Arguments:
     * service—service associated with the desired port
     * transport—transport protocol to use("tcp"or"udp")
     * qlen—maximum server request queue length
     */
    {
        struct servent * pse;       /* pointer to service information entry */
        struct protoent * ppe;      /* pointer to protocol information entry */
        struct sockaddr_in sin;     /* an Internet endpoint address */
        int         s, type;        /* socket descriptor and socket type */

        memset(&sin, 0, sizeof(sin));
        sin.sin_family=AF_INET;
        sin.sin_addr.s_addr=INADDR_ANY;

    /* Map service name to port numbers */
        if(pse=getservbyname(service, transport))
            sin.sin_port=htons(ntohs((unsigned short)pse->s_port)+portbase);
        else if((sin.sin_port=htons((unsigned short)atoi(service)))==0)
            errexit("can't get \"%s\"protocol entry\n", transport);

    /* Use protocol to choose a socket type */
            if(strcmp(transport,"udp")==0)
                type=SOCK_DGRAM;
            else
                type=SOCK_STREAM;
    /* Allocate a socket */
        s=socket(PF_INET, type, ppe->p_proto);
        if(s<0)
            errexit("can't create socket: %s\n", strerror(errno));

    /* Bind the socket */
        if(bind(s, (struct sockaddr *)&sin, sizeof(sin))<0)
            errexit("can't bind to %s\n", service, strerror(errno));
        if(type==SOCK_STREAM &&listen(s, qlen)<0)
```

```
        errexit("can't listen on %s port: %s\n", service, strerror(errno));
    return s;
}
```

7.18.2 进程结构

图 7-4 说明了循环的、无连接的服务器所用的简单的进程结构。只需要一个执行线程，单个执行线程使用一个套接字与多个客户通信。

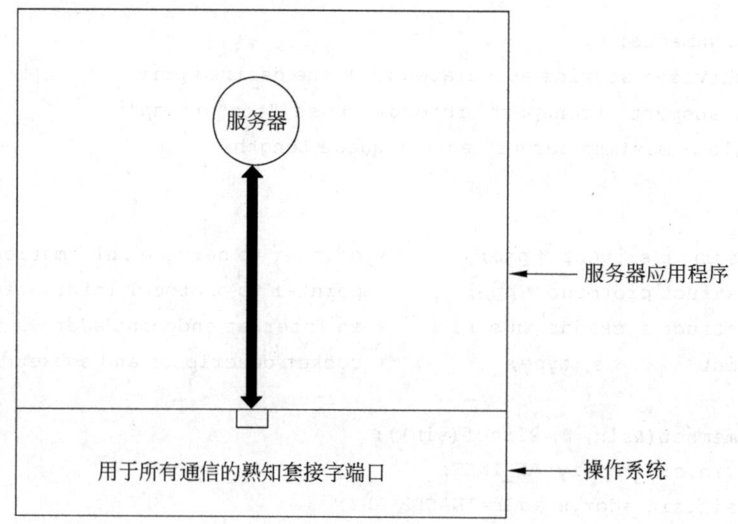

图 7-4　循环的、无连接的服务器的进程结构

单个服务器线程永远运行着。它使用一个被动的套接字，该套接字已绑定到所提供服务使用的熟知端口。服务器从套接字获取请求，计算出响应，然后将响应返回给使用相同套接字的客户。服务器把请求中的源地址作为应答中的目的地址。

7.18.3 TIME 服务器举例

下面将举例说明无连接服务器进程如何使用以上描述的套接字分配过程。回忆第 6 章中，客户使用 TIME 服务从另一个系统的服务器中获得当前时间。由于 TIME 几乎不需要计算，循环式服务器实现运行得不错。文件 UDPtimed.c 中含有循环的、无连接的 TIME 服务器所用的代码。

```
/* UDPtimed.c—main */

#include <sys/types.h>
#include <sys/socket.h>
#include <netinet/in.h>
```

```
#include <stdio.h>
#include <time.h>
#include <string.h>

extern int errno;

int passiveUDP(const char * service);
int errexit(const char * format, …);

#define UNIXEPOCH 2208988800UL          /* UNIX epoch, in UCT secs */

/*-----------------------------------------------------------
 * main—Iterative UDP server for TIME service
 *-----------------------------------------------------------
 */
int
main(int argc, char * argv[ ])
{
    struct sockaddr_in fsin;        /* the from address of a client */
    char * service="time";          /* service name or port number */
    char buf[1];                    /*"input"buffer; any size>0 */
    int sock;                       /* server socket */
    time_t now;                     /* current time */
    unsigned int alen;              /* from address length */
    switch(argc) {
    case 1:
        break;
    case 2:
        service=argv[1];
        break;
    default:
        errexit("usage: UDPtimed [port]\n");
}
sock=passiveUDP(service);
while(1) {
    alen=sizeof(fsin);
    if(recvfrom(sock, buf, sizeof(buf), 0, (struct sockaddr * )&fsin, &alen)<0)
        errexit("recvfrom: %s\n", strerror(errno));
    (void) time(&now);
    now=htonl((unsigned long) (now+UNIXEPOCH));
    (void) sendto (sock, (char * ) &now, sizeof (now), 0, (struct sockaddr * )
    &fsin, sizeof(fsin));
    }
}
```

与任何服务器类似,UDPtimed 进程必须永远运行着。因此,代码主体含有一个无限的循环,该循环每次接收一个请求,计算当前的时间,然后给发送请求的客户返回响应。

代码含有几处细节。分析完参数后,UDPtimed 调用 passiveUDP 为 TIME 服务创建一个被动套接字,然后它便进入循环。TIME 协议指明,客户可发送任意一个数据报作为请求。由于服务器不解释数据报的内容,数据报可以是任何长度,并可含有任意值。本例实现使用 recvfrom 读取下一个数据报。recvfrom 将传入数据报放到缓存 buf 中,并将发送数据报的客户的端点地址放到结构 fsin 中。由于它不必查看数据,因此实现只使用了单个字符的缓存。如果数据报含有的数据多于 1B,recvfrom 就丢弃所有剩余的字节。

UDPtimed 使用系统函数 TIME 获得当前时间。回忆在第 6 章中,Linux 像多数 UNIX 操作系统一样,使用 32b 整数表示时间,时间是从 1970 年 1 月 1 日零时开始计算。从操作系统获得时间后,UDPtimed 必须将它转换为用因特网纪元(epoch)测量的时间值,并用网络字节顺序存放结果。为完成转换,它增加了一个常量 UNIXEPOCH,该常量值定义为 2 208 988 800,即为因特网计时起始值与 Linux 计时起始值间相差的秒数。然后它调用 sendto 将结果传回客户。sendto 使用结构 fsin 中的端点地址作为目的地址(即它使用了发送数据报的客户的地址)。

7.18.4 小结

对于简单的服务,服务器为每个请求进行的计算很少,因此循环的实现就可很好地工作。本章给出用于 TIME 服务的循环服务器例子。它使用 UDP 用于无连接的访问。本例说明了过程如何隐藏套接字分配的细节,并使得服务器代码更简单和更易于理解。

Harrenstien 写的 RFC 738 定义了 TIME 协议。Mills 写的 RFC 1305 描述网络时间协议(network time protocol,NTP);Mills 在 1991 年总结了在实际网络中使用 NTP 的有关问题;Mills 写的 RFC 1361 还讨论了将 NTP 用于时钟同步。Marzullo 和 Owicki 在 1985 年也讨论了如何在分布式环境中维护时钟。

7.19 循环的、面向连接的服务器设计

第 6 章给出了使用 UDP 进行无连接传输的循环服务器的例子。本章将讨论循环服务器如何使用 TCP 进行面向连接的传输。这个服务器的例子采用算法 7-1。

7.19.1 分配被动的 TCP 套接字

7.18 节提到,面向连接的服务器使用函数 passiveTCP 分配一个被动流套接字,并将该套接字绑定到提供服务的熟知端口上。passiveTCP 带有两个参数:第一个参数是字符串,它指明服务的名字或端口号;第二个参数指明传入连接请求队列所需的长度。如果第一个参数含有服务名,该名字就必须与服务数据库中的某一项相匹配,该数据库可以通过系统函数 getservbyname 访问。如果第一个参数指明了端口号,它必须将数字表示为

文本字符串(例如,"79")。

```
/* passiveTCP.c—passiveTCP */

int passivesock(const char *service, const char *transport, int qlen);

/*------------------------------------------------------------
 * passiveTCP—create a passive socket for use in a TCP server
 *------------------------------------------------------------
 */
int
passiveTCP(const char *service, int qlen)
/*
 * Arguments:
 * service—service associated with the desired port
 * qlen—maximum server request queue length
 */
{
    return passivesock(service,"tcp", qlen);
}
```

7.19.2 用于 DAYTIME 服务的服务器

回忆第 6 章,DAYTIME 服务允许某台计算机上的用户从另一台计算机上获得当前日期和时间。由于 DAYTIME 服务是为人所用的,它规定服务器发送响应时,必须将日期格式化为可读的 ASCII 文本字符串。因此,客户在收到响应时,就可以正确地为用户显示响应结果。

第 6 章说明了客户是如何使用 TCP 与 DAYTIME 服务器联系的,以及如何显示服务器返回的文本。由于获取和格式化日期只需要很少的处理,并且用户对此服务的需求也很少,因此 DAYTIME 服务器不必优化速率。如果在服务器忙于处理某个请求时,其他客户尝试建立连接请求,协议软件就会将这些请求排队。因此,循环实现就足够了。

7.19.3 进程结构

如图 7-5 所示,循环的、面向连接的服务器使用一个单执行线程的进程结构。该线程永远循环,使用一个套接字传入连接请求,并且用另一个临时的套接字处理与客户的通信。

使用面向连接传输的服务器在这些连接上不断循环:它在熟知端口上等待来自某客户的下一个连接、接受连接、处理连接、关闭连接,然后再次等待连接。DAYTIME 服务的实现特别简单,这是因为服务器不必接收来自客户的显式请求——它根据传入连接的出现来触发响应。由于客户不发送显式请求,服务器就不必从连接上读取数据。

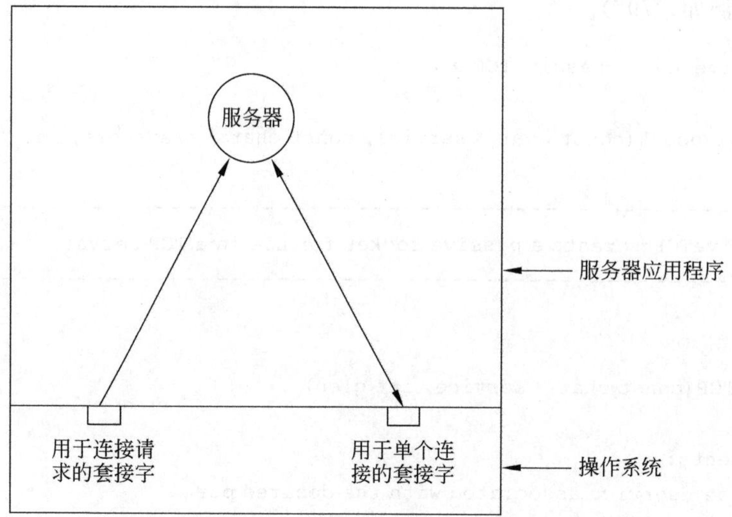

图 7-5 循环的、面向连接的服务器的进程结构

7.19.4 DAYTIME 服务器举例

文件 TCPdaytimed.c 中含有循环的、面向连接的 DAYTIME 服务器的例子代码。

```
/* TCPdaytimed.c—main */

#include <sys/types.h>
#include <sys/socket.h>
#include <netinet/in.h>

#include <unistd.h>
#include <stdio.h>
#include <string.h>

extern int errno;
int errexit(const char * format …);
void TCPdaytimed(int fd);
int passiveTCP(const char * service, int qlen);

#define QLEN 32

/*----------------------------------------------------------------
 * main—Iterative TCPserver for DAYTIME service
 *----------------------------------------------------------------
 */
int
```

```
main(int argc, char *argv[])
{
    struct sockaddr_in fsin;        /* the from address of a client */
    char *service="daytime";        /* service name or port number */
    int msock,ssock;                /* master & slave sockets */
    unsigned int alen;              /* from-address length */

    switch(argc) {
    case    1:
          break;
    case       2:
          service=argv[1];
          break;
    default:
          errexit("usage: TCPdaytimed [port]\n");
    }
    msock=passiveTCP(service, QLEN);
    while(1) {
        alen=sizeof(fsin);
        ssock=accept(msock, (struct sockaddr *)&fsin, &alen);
        if(ssock<0)
            errexit("accept failed: %s\n", strerror(errno));
        TCPdaytimed(ssock);
        (void) close(ssock);
    }
}

/*------------------------------------------------------------
 * TCPdaytimed   do TCP DAYTIME protocol
 *------------------------------------------------------------
 */
void
TCPdaytimed(int fd)
{
    char *pts;              /* pointer to time string */
    time_t now;             /* current time */
    char *ctime();

    (void) time(&now);
    pts=ctime(&now);
    (void) write(fd, pts, strlen(pts));
}
```

类似7.18节所描述的循环的、无连接的服务器，这种循环的、面向连接的服务器也必须永远运行。创建了在熟知端口上监听的套接字后，服务器就进入无限循环，在循环中接受和处理连接。

服务器的代码相当短，这是因为 passiveTCP 的调用隐藏了套接字分配和绑定的细节。调用 passiveTCP 创建了与 DAYTIME 服务所用熟知端口相关联的主套接字(master socket)。第二个参数指明主套接字的连接请求队列长度是 QLEN，从而允许系统在忙于回答某个客户的连接请求时，将来自其他 QLEN 个客户的连接请求进行排队。

创建主套接字后，服务器的主程序将进入无限循环。在每次循环中，服务器调用 accept 从主套接字获得下一个连接。为防止服务器在等待来自客户的连接时耗费资源，accept 调用将一直阻塞，直到一个连接到达。当连接请求到达时，TCP 协议软件为建立连接而忙于进行三次握手。一旦握手完成，并且系统已为传入连接分配了一个新套接字，accept 调用将返回新套接字描述符，并允许服务器继续执行。如果没有连接请求到达，服务器进程将在 accept 调用中一直保持阻塞状态。

每次在新的连接到达时，服务器就调用过程 TCPdaytimed 对它进行处理。TCPdaytimed 中的代码以系统函数 time 和 ctime 的调用为核心。过程 time 返回一个 32b 整数，以此给出当前时间，它是自 Linux 纪元(计时起始值)以来所经过的秒数。库函数 ctime 带有一个整型参数，该参数指明用 Linux 纪元所经过的秒数表示的时间。该函数返回一个含有格式化的时间和日期的 ASCII 字符串的地址，便于人们理解。一旦服务器获得用 ASCII 字符串表示的时间和日期，它就调用 write 将字符串通过 TCP 连接发送给客户。

调用 TCPdaytimed 一旦返回，主程序就继续执行循环，再次调用 accept。而 accept 调用在另一个请求到达前将使服务器阻塞。

7.19.5 关闭连接

过程 TCPdaytimed 写完响应后，调用就返回。一旦调用返回，主程序就明确地关闭该连接到达的套接字。

调用 close 需要从容关闭。具体地说，TCP 必须保证所有数据都可靠地交付给客户，并且在连接终止前都已被确认。因此，当调用 close 时，程序员不必担心正在被交付的数据。

当然，TCP 从容关闭的定义意味着 close 调用可能不立刻返回——在服务器上的 TCP 从客户的 TCP 收到答复前，调用将阻塞。一旦客户确认它收到了所有数据和终止连接的请求，close 调用即返回。

7.19.6 连接终止和服务器的脆弱性

应用协议决定了服务器如何管理 TCP 连接。特别是，应用协议通常指定了终止策略的选择。例如，让服务器关闭连接对 DAYTIME 协议来说合适，因为服务器知道它何时结束数据发送。对那些具有更复杂的客户-服务器交互的应用，不能在处理一个请求后立刻关闭连接,因为它们必须等待,以便了解客户是否会发送其他请求报文。例如,考虑一个 ECHO 服务器。由于客户决定了要服务器回送的数据量,因此客户控制了服务器的处理。由于服务器必须处理任意多的数据,不能在一次读和写之后就关闭连接。因此,客户必须发送信号表示已经完成了,以便让服务器知道应在何时终止连接。

允许客户控制连接的持续时间可能是危险的,因为这就是允许客户控制资源的使用。特别是,误操作的客户可能会导致服务器消耗像套接字和 TCP 连接之类的资源。我们举例的服务器似乎永远不会用光资源,因为它明确地关闭了连接。但简单终止策略可能会在误操作的客户面前是脆弱的。要理解其中的原因,回想 TCP 定义了连接关闭后连接超时的时间是最大报文段生命期的两倍(2MSL)。在超时期间,TCP 将保存连接的记录,以便它能正确地拒绝任何可能已被延迟的旧分组。因此,如果客户迅速、重复地发出请求,则它们可能会把服务器上的资源用光。虽然程序员可能对协议的控制是很少的,但他们应理解协议是如何使得分布式软件在网络故障下显露出脆弱性的,并且应在设计服务器时竭力避免这种脆弱性。

7.19.7 小结

循环的、面向连接的服务器每处理一个连接便循环 1 次。在连接请求从客户到达前,服务器将在 accept 的调用中处于阻塞状态。一旦下层协议软件建立了新的连接,并创建了新的套接字,调用 accept 将返回套接字描述符,并使服务器继续运行。

回忆在第 6 章中,DAYTIME 协议根据每次连接的出现触发服务器的响应。客户不必发送请求,因为服务器只要检测到新的连接就响应。为形成响应,服务器从操作系统获取当前时间,并将信息格式化为适于人们阅读的字符串,然后发送响应给客户。服务器在发送响应后,将关闭该连接对应的套接字。由于 DAYTIME 服务只允许每个连接发一个响应,因而立刻关闭连接的策略是可行的。但对那些在单个连接上允许有多个请求到达的服务器,就必须要等待客户关闭连接。

Postel 写的 RFC867 描述了本章使用的 DAYTIME 协议。

7.20 并发的、面向连接的服务器设计

7.19 节举例说明了循环服务器如何使用面向连接的传输协议。本节将给出一个使用面向连接传输的并发服务器的例子。所举的服务器例子采用算法 7-4,这是程序员在构建并发 TCP 服务器时最常使用的设计。服务器计算响应时,服务器依赖操作系统对并发处理的支持来达到并发性。在系统启动时,系统管理员设法让主服务器进程自动启动。主服务器将永远运行,等待从客户到来的新的连接,主服务器创建一个新的从线程/进程处理每个新连接,并允许各个从线程/进程处理与客户的所有通信。前面我们介绍过算法 7-4有两种常见的实现方法。本节探讨多个单线程进程的实现方法。第 8 章将探讨一个进程包含多个执行线程的实现方法,并对两者进行比较。

7.20.1 并发 ECHO

考虑第 6 章中描述的 ECHO 服务客户打开到某个服务器的连接，然后在该连接上重复发送数据，并读取从服务器返回的"回显"(echo)。ECHO 服务器响应每个客户，它接受连接，读取来自该连接的数据，然后向客户发回与该服务器所收到的数据相同的数据。

为允许客户发送任意多的数据，服务器在发送响应前并非读取全部输入。它只是交替地进行读和写。当新的连接到达时，服务器就进入循环，在每次循环中，服务器首先从该连接中读取数据，然后将数据写回到该连接上。服务器在遇到文件结束的条件前，将不断循环，遇到该条件后才关闭连接。

7.20.2 循环与并发实现的比较

ECHO 服务器的循环实现可能表现欠佳，因为它要求某个给定的客户等待此服务器处理在这以前到达的连接请求。如果客户要发送大量的数据(例如，若干兆字节)，循环服务器在处理完该请求前，会让所有其他的客户延迟。

ECHO 服务器的并发实现避免了长时间的延迟，因为它不允许单个客户占有所有的资源。并发服务器使其可与许多客户同时进行通信。因此，从客户的观点看，并发服务器比循环服务器提供了较短的响应时间。

7.20.3 进程结构

图 7-6 举例说明并发的、面向连接的使用单线程的服务器的进程结构，该服务器使用了单线程进程。如图 7-6 所示，主服务器进程并不与客户直接通信，只是在熟知端口上等

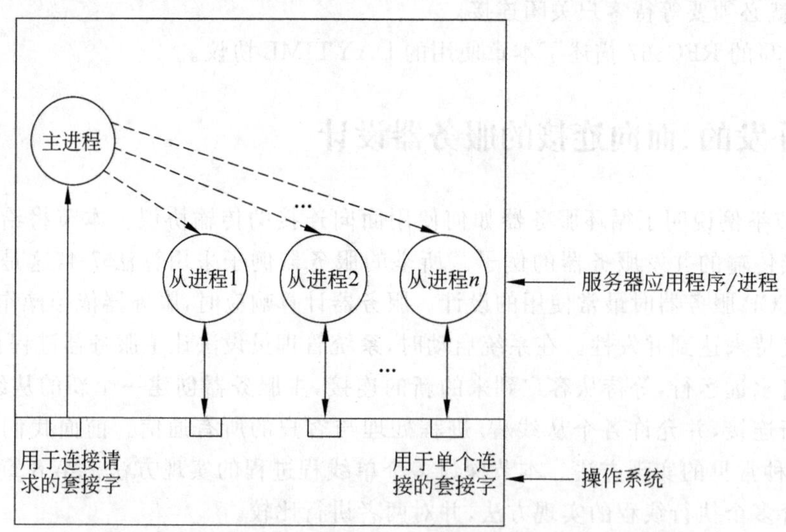

图 7-6 并发的、面内连接的使用单线程的服务器的进程结构

待下一个连接请求。一旦有某一个请求到达，系统就返回用于该连接的新套接字描述符。服务器进程创建一个从进程来处理该连接，并允许从进程并发操作。在任何时候，服务器都包括一个主进程，以及零个或多个从进程。

为避免等待连接时使用 CPU 资源，主服务器使用 accept 的阻塞调用(blocking call)从熟知端口上获得下一个连接。因此，类似 7.19 节中的循环服务器，并发服务器中的主服务器进程大部分时间都处于 accept 调用的阻塞状态。当连接请求到达时，accept 调用便返回，使得主进程继续运行。主进程创建一个从进程来处理请求，并重新调用 accept。该调用在另个连接请求到达前将使服务器再次阻塞。

7.20.4 并发 ECHO 服务器举例

文件 TCPechod.c 中含有 ECHO 服务器的代码，它使用并发进程为多个客户提供并发服务。

```
/* TCPechod.c—main, TCPechod */

#define _USE_BSD
#include <sys/types.h>
#include <sys/signal.h>
#include <sys/time.h>
#include <sys/resource.h>
#include <sys/wait.h>
#include <sys/errno.h>
#include <netinet/in.h>

#include <unistd.h>
#include <stdlib.h>
#include <stdio.h>
#include <string.h>

#define  QLEN      32        /* maximum connection queue length */
#define  BUFSIZE   4096

extern int errno;

void reaper(int);
int TCPechod(int fd);
int errexit(const char * format …);
int passiveTCP(const char * service, int qlen);

/*-------------------------------------------------------
 * main—concurrent TCP server for ECHO service
```

```
 *------------------------------------------------------------
  */
int
main(int argc, char *argv[ ])
{
    char *service="echo";        /* service name or port number */
    struct sockaddr_in fsin;     /* the from address of a client */
    unsigned int alen;           /* length of client's address */
    int msock;                   /* master server socket */
    int ssock;                   /* slave server socket */
    switch(argc) {
    case    1:
            break;
    case    2:
            service=argv[1];
            break;
    default:
            errexit("usage: TCPechod [port]\n");
    }

    msock=passiveTCP(service, QLEN);

    (void) signal(SIGCHLD, reaper);
    while(1) {
        alen=sizeof(fsin);
        ssock=accept(msock, (struct sockaddr *)&fsin, &aien);
        if(ssock<0) {
            if(errno==EINTER)
                continue;
            errexit("accept: %s\n", strerror(errno));
        }
        switch(fork()) {
        case    0:               /* child */
            (void) close(msock);
            exit(TCPechod(ssock));
        default:                 /* parent */
            (void) close(ssock);
            break;
        case -1:
            errexit("fork: %s\n", strerror(errno));
        }
    }
}
```

```
/*--------------------------------------------------------------
 * TCPechod—echo data until end of file
 *--------------------------------------------------------------
 */
int
TCPechod(int fd)
{
    char buf[BUFSIZ]
    int cc;

    while(cc=read(fd, buf, sizeof buf)) {
        if(cc<0)
            errexit("echo read: %s\n", strerror(errno);
        if(write(fd, buf, cc)<0)
            errexit("echo write: %s\n", strerror(errno));
        }
        return 0;
}

/*--------------------------------------------------------------
 * reaper—clean up zombie children
 *--------------------------------------------------------------
 */
void
reaper(int sig)
{
    int status;
    while(wait3(&status, WNOHANG, (struct rusage *)0)>=0)
            /* empty */
}
```

如例所示，控制并发的调用只占代码的一小部分。主服务器进程从 main 开始执行。主服务器检查完参数后，就调用 passiveTCP 为熟知端口创建一个被动套接字，然后便进入无限循环。符号常量 QLEN 作为第二个参数传递给了 passiveTCP，指定了服务器正忙于处理当前连接时，能被放入队列中的其他传入 TCP 连接的最大数。

在每次循环中，主服务器调用 accept，等待客户的连接请求，与在循环服务器中一样，accept 调用在请求到达前将阻塞。在下层协议软件收到连接请求后，系统为新的连接创建一个套接字，然后调用 accept 返回套接字描述符。

accept 返回后，主服务器创建一个从进程处理连接。为此，主进程调用 fork 将自己分成两个进程。新创建的子进程中的线程首先关闭主套接字，然后调用过程 TCPechod 处理连接。父进程中的线程关闭那个为处理新连接而创建的套接字，并继续执行无限循环。下次循环将在 accept 处等待新连接的到达。注意，调用 fork()后，原进程和新进程都可使用打开的套接字，并且在系统释放它们以前都必须要关闭套接字。因此，当主进程中的线程对新连接调用 close 时,该连接所用的套接字只从主进程中消失。类似地,当从进程中的线程对主套接字调用 close 时,该套接字只在从进程中消失。从进程退出前,将继续使用新连接所用的套接字,主服务器也将继续使用熟知端口所对应的套接字。

从进程关闭主套接字后,就调用过程 TCPechod,该过程为一个连接提供 ECHO 服务。过程 TCPechod 包括一个循环,它重复调用 read 以便从连接上获取数据,然后调用 write 通过该连接发回数据。在正常情况下,read 返回读取的字节数(正数)。当出现差错时(例如,客户与服务器间的网络连接中断了),它就返回一个小于零的值。如果遇到文件结束的情况(即不能从套接字中提取更多数据),它就返回零。类似地,write 在正常情况下返回所写的字符数,但如果出现差错就返回小于零的值。从进程将检查返回码,并在出现差错时使用 errexit 打印此消息。

TCPechod 如果能正确无误地回送所有数据,它就返回零。当 TCPechod 返回时,主程序使用返回值作为 exit 调用的一个参数。Linux 将 exit 调用解释为终止进程的请求,并用其参数作为进程退出码。通常约定,进程使用退出码 0 表示正常终止。因此,从进程在完成 ECHO 服务后就正常退出。当从进程退出时,系统自动关闭所有打开的描述符,包括用于 TCP 连接的描述符。

7.20.5 清除游离(errant)进程

由于使用 fork 的并发服务器动态地生成进程,这就引入了一个潜在的问题,即不完全终止的进程(incompletely terminated process)。Linux 是这样解决这个问题的,只要一个子进程退出,便给父进程发送一个信号(signal)。正在进行退出的进程将保持在死状态(zombie state),直到父进程执行 wait3 的系统调用为止。为完全终止子进程(即消除死进程),我们的 ECHO 服务器例子捕获子进程的终止信号,并执行一个信号处理函数。调用

```
signal(SIGCHLD, reaper);
```

通知操作系统,主服务器进程在收到子进程已退出的信号(信号 SIGCHLD)时就应执行函数 reaper。调用 signal 后,服务器每收到一个 SIGCHLD 信号时,系统都自动调用 reaper。

函数 reaper 调用系统函数 wait3 完成子进程的终止并退出。wait3 在一个或多个子进程退出(无论是什么原因)前将阻塞。它将返回值放在一个状态结构中,通过查看该结构可找到已退出的进程。由于程序在 SIGCHLD 信号到达时调用 wait3,它在一个子进程已退出后总是被调用的。为确保一个错误的调用不会使服务器死锁,程序使用参数 WNOHANG 指明 wait3 不要为进程退出而阻塞等待,而应该立刻返回,即使是在没有讲程已退出的情况下。

7.20.6 小结

面向连接的服务器通过允许多个客户与服务器通信而达到并发。本节中的简单实现

使用了 fork 函数在每次连接到达时创建一个新的从进程。主进程中的线程永远不会与任何客户交互，只是接受连接，并创建一个从进程处理各个连接。

每个从进程在主程序调用 fork 后立即开始执行。主进程关闭新连接所用的描述符的副本，而从进程关闭主描述符的副本。由于操作系统要关闭从进程的套接字副本，在从进程退出后，一个到客户的连接便终止了。

Postel 写的 RFC 862 定义了 TCP 服务器例子中使用的 ECHO 协议。

7.21 小结

从概念上说，一个服务器由一个简单的算法构成，它一直循环运行，等待下一个来自某个客户的请求，处理这个请求，发送应答。然而实际上，服务器有多种实现方法来达到可靠性、灵活性和有效性。

对要求很少计算的服务。循环的实现方法工作得很好。当使用面向连接的传输时，循环服务器一次处理一个连接；对于无连接的传输，循环服务器一次处理一个请求。

为达到有效性，服务器往往通过同时处理多个请求来提供并发服务。面向连接的服务器为处理每个新连接创建一个线程/进程，它通过这种方法，在各个连接之间提供并发性。无连接的服务器通过为处理每个请求而创建一个新线程/进程而提供并发性。

任何服务器，如果它是由一个单线程实现的，而且使用了像 recv、read、send 或 write 这样的同步系统调用，那么就可能被死锁所困扰。在循环服务器以及使用一个单线程实现的并发服务器中，死锁都有可能发生。服务器的死锁是个特别严重的问题，因为这意味着单个客户的错误行为可能会使服务器不能处理其他客户的请求。

Linux 和其他 UNIX 操作系统所提供的服务器含有许多服务器算法的例子，程序员常常为一些编程技术参考源代码。

习题

7.1 计算一下，如果互连网络的吞吐量为 2.3KB/s，那么，一个循环服务器传送一个 200MB 的文件需要多长时间？

7.2 如果有 20 个客户，各自每秒向服务器发送两个请求，服务器可以花费在每个请求上的最大时间是多少？

7.3 在你所访问的计算机中，一个并发的、面向连接的服务器接受一个新的连接，并为处理这个连接而创建一个新的进程所需要的时间有多长？如果创建一个新线程又如何？

7.4 为一个并发的、无连接的服务器写一个算法，它为每个请求创建一个新的进程。

7.5 修改 7.4 题中的算法，使它为每个客户创建一个新进程，而不是为每个请求创建一个新进程。你的算法是如何处理进程终止的？

7.6 面向连接的服务器在各个连接之间提供并发性。为进一步提高并发的、面向连接的服务器的并发性，使从线程为每个连接创建附加的线程，这样做是否有意义？解释原因。

7.7 重写 TCPecho 客户软件，使它用单线程并发地处理来自键盘的输入，来自它的 TCP 连接的输入，以及向它的 TCP 连接的输出。

7.8 客户能引起并发服务器出现死锁或中断服务吗？为什么？

7.9 仔细查看 select 系统调用。单线程服务器怎样使用 select 避免死锁？

7.10 select 调用一个参数，该参数指明它将检查多少个 I/O 描述符。解释一下，这个参数是怎样使单线程服务器程序可以移植到许多 UNIX 操作系统的。

7.11 用仪器测量 UDPtimed 每次处理一个请求要花多长时间。如果你有一个网络分析仪，也用它测量请求和响应的时间间隔。

7.12 假定 UDPtimed 在收到请求和发送响应期间不慎破坏了客户的地址(即服务器在调用 sendto 前偶然为 fsin 指派了一个随机值)。这会发生什么？为什么？

7.13 做一个实验，判断若 N 个客户同时给 UDPtimed 发送请求，情况会如何？改变发送者的个数 N 和它们发送的数据大小 S。解释服务器为什么不能给所有请求返回响应。(提示：查看 listen 手册页。)

7.14 在 UDPtimed.c 的例子代码中，调用 recvfrom 时指明了缓存大小为 1MB。若指明缓存大小为 0MB，情况会如何？

7.15 计算 Linux 时间起始值与因特网时间起始值间的差距。记住要考虑闰年的情况。你计算的值与 UDPtimed 中定义的常量一致吗？如果不一致，试解释。(提示：阅读有关闰年秒数的内容。)

7.16 为安全检查，系统管理员请你修改 UDPtimed，以便使它保存访问该服务的所有客户的书面日志。修改代码，使它在请求到达时打印一行到控制台上。试解释日志记录会如何影响此服务。

7.17 如果你可访问一对连接在广域互联网上的计算机，使用第 6 章的 UDPtime 客户和本章的 UDPtimed 服务器，查看你的互联网是否会遗漏或复制分组。

7.18 在你的本地系统上，一个进程是否需要有特权才能运行 DAYTIME 服务器？它运行 DAYTIME 服务器客户需要有特权吗？

7.19 利用连接的出现来触发服务器响应的主要优点是什么？主要缺点呢？

7.20 一些 DAYTIME 服务器用两个字符的组合来结束文本行：回车(CR)和换行(LF)。试修改服务器例子，让它在文本行末尾发送 CR+LF 代替只发送 LF。标准规定文本行应如何终止？

7.21 在服务器忙时到达的其他连接请求将进行排队，TCP 软件通常为此队列分配固定的长度，并允许服务器使用 listen 改变队列长度。你的本地 TCP 软件提供多长的队列？服务器使用 listen 可让队列有多长？

7.22 修改 TCPdaytimed.c 中服务器例子的代码，使它在写完响应后不明显地关闭连接。它仍会正确工作吗？为什么？

7.23 有的面向连接的服务器在发送响应后就明显关闭连接，有的服务器却在关闭连接前允许客户将连接保持一个任意长时间。比较这两种方式，两者的优点和缺点各是什么？

7.24 假定 TCP 使用 4min 的连接超时(即在连接关闭后保持信息 4min)。如果 DAYTIME 服务器运行在这样的系统上,它只有 100 个时隙用于 TCP 连接信息,服务器处理请求的最大速率应该是多少才能使它不会把这些时隙用光。

7.25 让 ECHO 服务器保持一个时间日志,记录创建每个从进程的时间,以及从进程终止的时间。在你能够发现在从进程之间发生重叠以前,你必须要启动多少个客户?

7.26 在任意一个客户必定会被拒绝服务前,有多少个客户可同时访问 7.20 节中的并发服务器?在任意一个客户必定会被拒绝服务前,有多少个客户可同时访问 7.19 节中的循环服务器?

7.27 构建一个循环实现的 ECHO 服务器。做一个实验,判断人们是否能感觉到并发和循环版本间响应时间的差异。

7.28 修改本服务器的例子,让过程 TCPechod 在返回前明确地关闭连接。试解释 close 的显式调用为何会使代码更易于维护。

7.29 构建一个经过修改的 ECHO 服务器,在同一进程中创建一个新的执行线程而不是一个新的进程,测量一下两种服务器执行时间的差异。

7.30 在 7.29 题所述的经过修改的服务器中,主线程和从线程分别关闭了哪个套接字?为什么?

第 8 章　使用线程模型实现并发

8.1　引言

第 7 章介绍了面向连接的并发服务器,并采用多进程设计来说明如何实现并发。本章讨论如何采用线程来实现并发。在介绍线程的一般特征及其优缺点后,将举例说明如何在一个进程中创建多个线程来实现一个面向连接的并发服务器。此并发服务器仍采用算法 7-4,基本设计与第 7 章相同。与采用多进程的并发设计一样,系统管理员应安排在系统启动时就创建一个主线程。主线程将一直处于运行状态,等待来自客户端的新连接请求。一旦收到来自某个客户端的连接请求,主线程将为它创建一个新的从线程,以后与该客户的所有通信将由从线程处理,在某个从线程完成与客户的交互后,该从线程将被终止。

8.2　Linux 线程概述

人们将一次独立的计算抽象为一个执行线程(a thread of execution),而一个进程可以包含一个或多个线程。Linux 中的线程符合 POSIX 线程标准,即 1003.1c,该标准也为大多数 UNIX 操作系统所采用。Linux 线程具有如下特征。

动态创建。调用函数 pthread_create 可创建一个新线程。只是操作系统对并发线程数有一个上限限制,就像限制并发进程数一样。

并发执行。所有线程就像在同一时间执行一样。在多处理器计算机上,系统可为每个线程分配一个 CPU,多个线程可以并行执行。

抢先。操作系统为线程分配 CPU 资源。如果活动线程数超过可用的 CPU 数(例如,单处理器计算机),系统将自动在多个线程间调动 CPU 资源,每次只让一个线程执行一小段时间。API 中有一个函数 sched_yield,线程一旦调用该函数,在其时间片用完之前就主动放弃对 CPU 的调用。

私有局部变量。每个线程都有自己的私有堆栈。堆栈用于存放分配的局部变量和过程的活动记录(即关于过程调用的信息)。

共享全局变量。一个进程内的所有线程共享一组全局变量。

共享文件描述符。一个进程内的所有线程共享一组文件描述符。

协调和同步函数。线程 API 中包括协调和同步线程执行的函数。

1. 线程的优点

多线程的进程与单线程的进程相比主要有两个优点:更高的效率和共享的存储器。

效率提高源于上下文交换的额外开销减少。上下文交换是指操作系统将 CPU 从一个运行线程调度到另一个线程所需执行的指令。在线程间切换时，操作系统必须保存原先线程的状态(例如，寄存器中的值)并读取新线程的状态。同一个进程中的线程共享的进程状态越多，操作系统需要改变的状态就越少。因此，同一个进程中的两个线程间的切换要比不同进程中的两个线程间的切换快。尤其是因为同一进程中的线程共享一个存储器地址空间，进程内的线程切换就意味着操作系统不必改变虚拟存储器映射。

线程的第二个优点是共享存储器，这对于程序员而言比效率提高更为重要。并发服务器中多个服务器副本需要相互通信或访问共享的数据，因此利用线程更容易构建并发服务器。另外，利用线程也更容易构建监控系统。尤其是因为它们共享存储器，一个服务器中的从线程可将统计数据留在共享存储器中，从而使监控线程可把从线程的活动情况报告给系统管理员。稍后将给出一个监控系统的实例。

2. 线程的缺点

虽然多线程的进程提供的优点是单线程的进程所欠缺的，但也有一些缺点。其中，最重要的一点是由于线程间共享存储器和进程状态，一个线程的动作可能会对同一个进程内的其他线程产生影响。例如，当两个线程试图在同一时刻访问同一个变量时，它们之间就会产生相互干扰。

线程 API 提供了协调线程间动作的函数。但是，许多将指针返回给一个静态数据项的库函数不是线程安全(thread safe)的。也就是说，如果多个线程试图并发调用该库函数，返回结果是不可预知的。以 gethostbyname 库函数为例加以说明，该函数可用于解析域名并返回相应的 IP 地址。如果两个线程并发调用 gethostbyname，后一次解析的结果将覆盖前一次结果。因此，如果多个线程调用某个库函数，线程之间必须加以协调，确保某个时刻只有一个线程调用该库函数。

另一个缺点是缺乏健壮性。在单线程的服务器中，如果某一个并发服务器的副本造成服务器出错(例如，一个非法的存储器引用)，操作系统只会终止引发故障的进程。但是在多线程的服务器中，如果一个线程使服务器出错，操作系统将终止整个进程。

8.3 线程和进程的关系

8.3.1 描述符、延迟和退出

线程和进程间的关系容易被混淆，特别是那些具有单线程进程编程经验的程序员更易将两者混淆。除了静态资源(例如，全局变量)，许多动态分配的资源都是与进程相关的(而非单独的线程)。例如，由于文件描述符资源属进程所有，一旦某个线程打开了一个文件，同一个进程中的其他线程也可以使用同一个描述符访问文件。此外，如果某个线程关闭了一个文件描述符，意味着整个进程内的该描述符已被关闭(即该进程中的其他线程不能再访问此描述符)。

类似地，虽然有些操作系统函数只会影响调用它的线程，但有些函数会影响整个进程。例如，如果一个线程进行 I/O 调用(例如，调用 read)时被阻塞，只有一个线程会被阻塞。但如果某个线程调用了 exit 函数，整个进程将立刻退出。也就是说，exit 函数是与整个进程而非单个线程相关的。关于以上讨论的要点如下：

> 虽然一些系统函数只影响调用线程，但有些函数(例如，exit)会影响整个进程。

8.3.2 线程退出

如果一个线程不能调用 exit 终止整个进程，它终止自己而不终止进程内的其他线程有两种方法：一种是在线程的顶级过程(即线程一开始调用的过程)返回时终止该线程；另一种是调用 pthread_exit 终止该线程。总结如下：

> 线程 API 中包括一些只对线程起作用的函数。例如，线程可调用 pthread_exit(或从其顶级过程中返回时)终止自己，而不会影响进程中的其他线程。

8.4 线程协调和同步

由于各个线程按照自己的步调并发运行，线程间的同步是必须的。例如，如果一个线程在进行 I/O 操作时被阻塞，延迟时间长度取决于操作系统和下层的硬件；无法预知在该线程的延迟期间其他线程的行为或者它们将执行哪些指令。因此，程序员希望能协调线程的执行，从而引入一些函数调用。Linux 提供了三种同步机制：互斥(mutex)、信号量(semaphore)和条件变量(condition variable)。

8.4.1 互斥

线程使用互斥可对共享数据项进行排他性访问。通过调用 pthread_mutex_init 可动态地初始化一个互斥：程序员可为每个需要保护的数据项都安排一个独立的互斥。一个互斥初始化之后，线程在使用数据项前必须调用 pthread_mutex_lock，使用完后再调用 pthread_mutex_unlock。这样可确保某一个时刻只有一个线程访问数据项。在一个互斥中，第一个调用 pthread_mutex_lock 的线程将不受阻挡地继续执行。但在该线程使用数据项的过程期间，后续调用 pthread_mutex_lock 的其他线程将被阻塞，直到第一个线程使用完数据项并调用了 pthread_mutex_unlock 后，另一个线程才得以使用该数据项。此时，操作系统将使其中一个阻塞等候的线程回到运行状态。总结如下：

> 互斥是使线程同步的机制之一。每个互斥与一个数据项相关，任何时刻只有一个线程访问受互斥保护的数据。

8.4.2 信号量

信号量(有时被称为计数信号量)是一种同步机制,它用于系统中有 N 个资源可用的情况,是对互斥机制的一种推广。信号量允许 N 个线程同时执行,而不是像互斥一样在某个时刻只允许一个线程执行通过临界区。

类似互斥,信号量可以动态启动。函数 sem_init 初始化一个信号量,它带有一个参数 N 表示可用的资源数。初始化一个信号量后,一个线程在使用一个资源前必须调用 sem_wait,并在用完后调用 sem_post 返还资源。N 个线程都可在调用 sem_wait 后不会受到影响——每个线程都可在调用后继续执行。但是,如果再有其他线程调用 sem_wait,它们就将被阻塞。这些线程将一直处于阻塞状态,直到某个运行线程调用了此信号量上的 sem_post 后,其中一个阻塞的线程才得以继续运行。总结如下:

> 信号量是一种线程同步机制,是互斥机制的一种推广形式。任一时刻,至多有 N 个线程能够访问受信号量(初始化计数器为 N)保护的资源。

8.4.3 条件变量

最复杂和难以理解的一种同步机制被称为条件变量。实质上,只有一种情况需要条件变量:

- 一组线程使用互斥对同一个资源提供排他性访问;
- 一旦某个线程获得资源,它需要等待一个特定的条件发生。

如果没有条件变量,面对这种情况,程序必须使用一种忙等待(busy waiting)的形式:每个线程要重复地获得一个互斥,测试条件是否满足,然后释放互斥。条件变量允许线程原子地完成这两个动作,从而令等待更为高效。在被条件变量阻塞前,线程获得一个互斥。在线程调用 pthread_cond_wait 以便等待某个条件变量时,线程同时指定了等待的条件变量和所拥有的互斥,操作系统将同时释放线程拥有的互斥并阻塞线程。

线程执行 pthread_cond_wait 后将处于阻塞状态,直到其他线程给此变量发信号时才被唤醒。给条件变量发信号有两种形式,差别在于多个等待线程被处理的方式不同。即使有多个线程等待同一条件变量,函数 pthread_cond_signal 只允许一个线程继续执行;而函数 pthread_cond_broadcast 却让所有被阻塞的线程都可继续执行,在操作系统允许某个线程继续执行前,它将在线程被解除阻塞的同时再次获得阻塞前曾经有过的互斥。换句话说,等待条件变量意味着暂时放弃互斥,然后在得到发给该变量的信号时自动地重获互斥。因此,在某个线程因某个条件变量阻塞时,其他线程仍然可以获得互斥——在临界区内继续执行。

> 条件变量是一种与互斥配合使用的线程同步机制。在线程等待一个条件时,它将暂时放弃所拥有的互斥;在条件变量得到信号后线程又将重新获得互斥。

8.5 使用线程的服务器实例

下面举例说明一个使用线程的服务器。第 7 章中用多个进程实现了 ECHO 服务，为便于对比，此处也选择实现 ECHO 服务。本章中的多线程服务器采用同一个并发的、面向连接的算法，只是在实现中稍有差别。初始化后，主线程执行主程序进入一个循环，在循环的 accept 调用处线程将被阻塞，等待一个 TCP 连接的到来。在连接到达时，主线程继续执行，调用 pthread_create 创建一个新线程来处理连接。然后主线程继续循环，再次被阻塞而等待新连接的到来。新创建的线程执行 TCPechod 过程，该过程中包括一个循环，新线程将反复从 TCP 连接读数据，然后将数据返回发送者。文件 TCPmethod. c 的代码如下：

```
/* TCPmtechod.c—main, TCPechod, prstats */
#include <unistd.h>
#include <stdlib.h>
#include <stdio.h>
#include <string.h>
#include <pthread.h>

#include <sys/types.h>
#include <sys/signal.h>
#include <sys/socket.h>
#include <sys/time.h>
#include <sys/resource.h>
#include <sys/wait.h>
#include <sys/errno.h>
#include <netinet/in.h>

#define  QLEN      32       /* maximum connection queue length */
#define  BUFSIZE   4096
#define  INTERVAL  5        /* secs */

struct {
    pthread_mutex_t    st_mutex;
    unsigned int st_concount;
    unsigned int st_contotal;
    unsigned long st_bytecount;
}stats;

void prstats(void);
int TCPechod(int fd);
int errexit(const char *format, …);
int passiveTCP(const char *service, int qlen);
```

```
/*-------------------------------------------------------------------
 * main—concurrent TCP server for ECHO service
 *-------------------------------------------------------------------
 */
int
main(int argc, char *argv[ ])
{
    pthread_t   th;
    pthread_attr_t   ta;
    char *service="echo";           /* service name or port number */
    struct    sockaddr_in fsin;     /* the from address of a client */
    unsigned int alen;              /* length of client's address */
    int        msock;               /* master server socket */
    int        ssock;               /* slave server socket */

    switch(argc) {
    case        1:
            break;
    case        2:
            service=argv[1];
            break;
    default:
            errexit("usage: TCPechod [port]\n");
    }

    msock=passiveTCP(service, QLEN);

    (void) pthread_attr_init(&ta);
    (void) pthread_attr_setdetachstate(&ta, PTHREAD_CREATE_DETACHED);
    (void) pthread_mutex_init(&stats. st_mutex, 0);

if(pthread_create(&th, &ta, (void * (*)(void *))prstats, 0)<0)
    errexit("pthread_create(prstats): %s\n", strerror(errno));

while(1) {
    alen=sizeof(fsin);
    ssock=accept(msock, (struct sockaddr *)&fsin, &alen);
    if(ssock<0) {
        if(errno==EINTR)
            continue;
        errexit("accept: %s\n", strerror(errno));
    }
    if(pthread_create(&th, &ta, (void * (*)(void *))TCPechod, (void *)ssock)
```

```
    <0)
        errexit("pthread_create: %s\n", strerror(errno));
}
}

/*------------------------------------------------------------------
 * TCPechod—echo data until end of file
 *------------------------------------------------------------------
 */
int
TCPechod(int fd)
{
    time_t  start;
    char    buf[BUFSIZ];
    int     cc;

    start=time(0);
    (void) pthread_mutex_lock(&stats.st_mutex);
    stats.st_concount++;
    (void) pthread_mutex_unlock(&stats.st_mutex);
    while(cc=read(fd, buf, sizeof buf)) {
        if(cc<0)
            errexit("echo read: %s\n", strerror(errno));
        if(write(fd, buf, cc)<0)
            errexit("echo write: %s\n", strerror(errno));
        (void) pthread_mutex_lock(&stats.st_mutex);
        stats.st_bytecount+=cc;
        (void) pthread_mutex_unlock(&stats.st_mutex);
    }
    (void) close(fd);
    (void) pthread_mutex_lock(&stats.st_mutex);
    stats.st_contime+=time(0)   start;
    stats.st_concount--;
    stats.st_contotal++;
    (void) pthread_mutex_unlock(&stats.st_mutex);
    return 0;
}

/*------------------------------------------------------------------
 * prstats—print server statistical data
 *------------------------------------------------------------------
 */
void
prstats(void)
```

```
{
    time_t    now;

    while(1) {
        (void) sleep(INTERVAL);

        (void) pthread_mutex_lock(&stats.st_mutex);
        now=time(0);
        (void) printf("---%s", ctime(&now));
        (void) printf("%-32s: %u\n","Current connections", stats.st_concount);
        (void) printf("%-32s: %u\n","Completed connections", stats.st_contotal);
        if(states.st_contotal) {
            (void) printf("%-32s: %.2f(secs)\n",
            "Average complete connection time",
            (float)stats.st_contime /
            (float)stats.st_contotal);
            (void) printf("%-32s: %.2f\n","Average byte count",
            (float)stats.st_bytecount /
            (float)(stats.st_countotal+stats.st_concount));
        }
        (void) printf("%-32s: %lu\n\n","Total byte count",
            stats.st_bytecount);
        (void) pthread_mutex_unlock(&stats.st_mutex);
    }
}
```

8.6 监控

此服务器实例中新实现了一个监控机制。虽然本实例中的监控机制并不复杂，但它说明了监控程序如何使用共享程序与从线程交互。监控程序用一个执行 prstats 过程的独立线程实现。本例中，prstats 过程包含一个循环，在每次循环过程中，监控程序打印连接的相关统计信息，然后睡眠 INTERVAL 秒。统计输出中列出了通信中的连接数、已完成通信的连接数、总连接时间和每个连接所传输的平均字节数。

监控线程和从线程使用一个共享的全局数据结构——stats 相互通信。每个从线程将各自连接的有关信息加入到 stats 结构中，而监控线程每 INTERVAL 秒提取一次信息。为确保任一时刻只有一个线程访问共享结构，服务器使用一个互斥，stats. st_mutex 线程在访问共享结构前等待互斥并在使用完结构后释放互斥。

在一个实际的服务器中，监控程序可以让管理员以更复杂的形式与服务器交互。例如，监控线程可以不只打印统计信息，而是让管理员用键盘输入命令。因此，监控程序可按需提供信息，并可让管理员控制服务器(例如，动态设置或改变最大并发线程数)。

8.7 小结

并发服务器可在一个进程内用若干线程实现。线程的主要优点是它具有较少的上下文切换开销和共享存储器的能力。线程的主要缺点是它增加了编程的复杂性。程序员必须使用同步机制协调线程对全局变量和一些库程序的访问，而且必须记住一些系统函数(例如，exit)会影响整个进程而非单个线程。

Linux 操作系统的联机手册中描述了线程函数。

习题

8.1 比较本章中的多线程并发服务器与第 7 章中用多个单线程进程实现的服务器。哪个执行得快一些？运行时间如何随着并发连接数变化？

8.2 8.1 题中，如果省略监控线程，结果会改变吗？

8.3 阅读 pthread_attr_init 函数的有关内容。为什么需要此函数？

8.4 如果监控线程连接到一个键盘，并且用户按 Ctrl+S(即停止输出)键，服务器会发生什么情况？

8.5 在监控程序的实例代码中，监控程序在格式化和打印统计数据时拥有互斥。修改此段代码，使监控程序只在复制 stats 结构时拥有互斥。

8.6 在监控程序例子里，使用了一个独立的线程定期打印统计信息。使用 Linux alarm 机制也可实现同样的功能。每种方法的优点和缺点是什么？

8.7 修改监控程序，使它从键盘接受命令并响应每个命令。

第9章　单线程并发服务器设计

9.1　引言

第8章举例说明了大多数并发的、面向连接的服务器是如何运行的。这种服务器使用了操作系统的各种设施为每个连接创建单独的进程/线程，并允许操作系统在线程间用时间分片的方式占用处理器。本章将说明一个有趣的、但并非显而易见的设计思想，即服务器只使用单个控制线程，就能为若干个客户提供表面上的并发性。本章首先探讨基本概念，讨论为什么这种方法是可行的，以及在什么时候这要比使用多个线程的实现好。然后，研究单个线程如何使用Linux的系统调用来并发地处理多个连接。

9.2　服务器中的数据驱动处理

如果为一个请求准备响应所需的开销中，I/O占了主导地位，则在此种应用中，服务器可使用异步I/O来提供客户间的表面上的并发性。这个想法很简单：让一个服务器执行线程对多个客户打开它们的TCP连接，并使服务器在数据到达时处理该连接。因此，服务器使用数据的到达来触发处理。

要理解这种方法为什么是可行的，考虑第8章描述的并发ECHO服务器。为达到并发执行，例子代码创建了一个单独的从线程来处理每个新的连接。从理论上讲，服务器依赖操作系统的时间分片机制在多个线程间共享CPU，并由此在多个连接间共享CPU。

但在实际中，ECHO服务器几乎与时间分片无关。如果密切地观察一个并发ECHO服务器的执行，就会发现通常是数据的到达控制了处理的进行。其原因与穿过互联网的数据流有关。由于下层互联网是用离散的分组交付数据的，因而数据是以突发方式(而不是以平稳的数据流方式)到达服务器的。如果客户发送数据块的方式是使每一个最终形成的TCP报文段各填入到单个IP数据报中，那么客户就加剧了这种突发行为。在服务器上，每个从线程将大部分时间花在read调用中，即它被阻塞以等待下一个突发数据的到达。一旦数据到达，read调用就返回，从线程继续执行。从线程调用write发送数据给客户，然后调用read再次等待后面的数据。CPU要能处理许多客户的请求而不减慢处理速率，就必须运行得足够快，以便在另一个从线程收到数据前就完成了读和写。

当然，如果负荷太重，以致CPU不能在另一个请求到达前处理完一个请求，分时机制就将起作用。操作系统在所有有数据要处理的从线程之间切换处理器。对于仅需对每个请求进行很少处理的简单服务，执行由数据到达来驱动的机会是很高的。概括地说：

> 若并发服务器处理每个请求仅需很少的时间，通常它就按顺序方式执行，而执行由数据的到达驱动。只有在工作量太大，以致CPU不能顺序执行时，分时机制才取而代之。

9.3 用单线程进行数据驱动处理

理解并发服务器行为的顺序特征就可以理解单个执行线程如何完成同样的任务。想象一个单服务器线程，它打开了到许多客户的 TCP 连接。线程将阻塞以等待数据的到达。一旦任何一个连接上有数据到达，线程就被唤醒，并处理请求和发送响应。然后它再次阻塞，等待另一个连接上更多数据的到达。只要 CPU 足够快地应付服务器上出现的工作负荷。使用单线程就能像使用多线程那样处理各个请求。实际上，与使用多线程或多进程的实现相比，单线程的实现较少需要在线程/进程上下文之间进行切换，因而可能处理略高些的负荷。

编写一个单线程并发服务器的关键是通过在操作系统原语 select 中使用异步 I/O。一个服务器为它必须管理的每一个连接创建一个套接字，然后调用 select 等待任一连接上数据的到达。实际上，select 可在所有可能的套接字上等待 I/O，也能同时等待新的连接。算法 7-5 列举出了单线程服务器所使用的详细步骤。

9.4 单线程服务器的线程结构

图 9-1 给出了用单线程完成并发、面向连接的服务器的线程和套接字结构。一个执行线程管理所有的套接字。

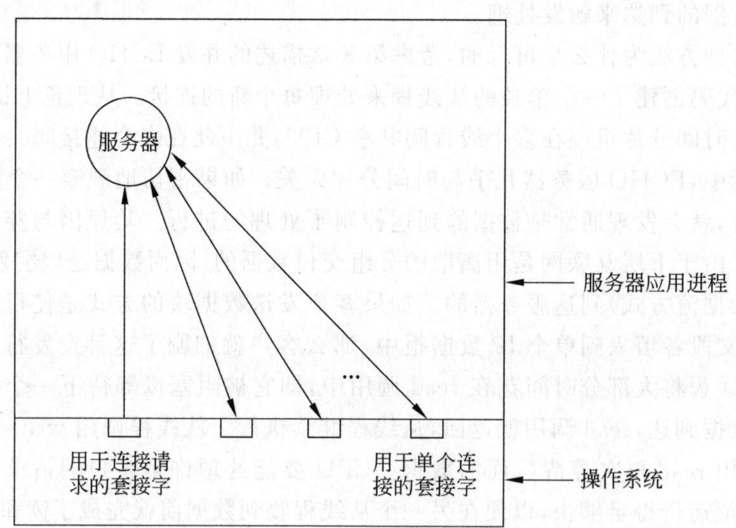

图 9-1　用单线程完成并发的、面向连接服务器的线程和套接字结构

实质上，单线程服务器必须完成主线程和从线程双方的职责。它维护一组套接字，组中的一个套接字绑定到主线程将要接受连接的熟知端口上。而组中其他每一个套接字都对应于一个连接，在此连接上一个从线程将处理请求。服务器把这一组套接字描述符作为一个参数传递给 select，并等待任何一个套接字上的活动。当 select 返回时，它返回一

个屏蔽位，指明这一组描述符中的哪一个已就绪。服务器按照描述符准备就绪的指示来决定如何继续处理。

单线程服务器使用描述符来区分主线程和从线程的操作。如果主套接字相应的描述符准备就绪，服务器就进行主线程要做的同样的操作：在套接字上调用 accept 以获得新连接。如果对应于一个从套接字描述符准备就绪，服务器就进行从线程要做的同样操作：它调用 read 获取一个请求，然后回答。

9.5 单线程 ECHO 服务器举例

举一个例子将有助于阐明上述观点，还可以说明一个单线程怎样提供并发性。我们来研究一下文件 TCPmechod. c，它含有一个实现 ECHO 服务的单线程服务器代码：

```
/* TCPmechod.c—main, echo */

#include <sys/types.h>
#include <sys/socket.h>
#include <sys/time.h>
#include <netinet/in.h>

#include <unistd.h>
#include <string.h>
#include <stdio.h>

#define  QLEN          32         /* maximum connection queue length */
#define  BUFSIZE      4096

extern int errno;
int      errexit(const char * format …);
int      passiveTCP(const char * service, int qlen);
int      echo(int fd);

/*------------------------------------------------------
 * main—Concurrent TCP server for ECHO service
 *------------------------------------------------------
 */
int
main(int argc, char * argv[])
{
    char * service="echo";          /* service name or port number */
    struct sockaddr_in fsin;        /* the from address of a client */
    int msock;                      /* master server socket */
    fd_set rfds;                    /* read file descriptor set */
    fd_set afds;                    /* active file descriptor set */
```

```
    unsigned int alen;              /* from address length */
    int fd, nfds;

    switch(argc) {
    case    1:
        break;
    case    2:
        service=argv[1];
        break;
    default:
        errexit("usage: TCPmechod [port]\n");
    }

    msock=passiveTCP(service, QLEN);

    nfds=getdtablesize();
    FD_ZERO(&afds);
    FD_SET(msock, &afds);

    while(1) {
        memcpy(&rfds, &afds, sizeof(rfds));

        if(select(nfds, &rfds, (fd_set *)0, (fd_set *)0,
                (struct timeval *)0)<0)
            errexit("select: %s\n", strerror(errno));
        if(FD_ISSET(msock, &rfds)) {
            int    ssock;

            alen=sizeof(fsin);
            ssock=accept(msock, (struct sockaddr *)&fsin,
                &alen);
            if(ssock<0)
                errexit("accept: %s\n",
                    strerror(errno));
            FD_SET(ssock, &afds);
        }
        for(fd=0; fd<nfds;++fd)
            if(fd !=msock && FD_ISSET(fd, &rfds))
                if(echo(fd)==0) {
                    (void) close(fd);
                    FD_CLR(fd, &afds);
                }
    }
}
```

```
/*------------------------------------------------------------
 * echo—echo one buffer of data, returning byte count
 *------------------------------------------------------------
 */
int
echo(int fd)
{
    char buf[BUFSIZ];
    int cc;

    cc=read(fd, buf, sizeof buf);
    if(cc<0)
        errexit("echo read: %s\n", strerror(errno));
    if(cc && write(fd, buf, cc)<0)
        errexit("echo write: %s\n", strerror(errno));
    return cc;
}
```

类似并发实现中的主服务器线程，单线程服务器一开始就在熟知端口上打开一个被动套接字。它使用系统函数 getdtablesize 来决定描述符的最大个数，然后使用 FD_ZERO 和 FD_SET 创建一个位向量(bit vector)，对应于希望测试的套接字描述符。然后服务器进入一个无限循环，在循环中调用 select，等待一个或多个描述符准备就绪。

如果主描述符(master descriptor)准备就绪，服务器就调用 accept 获取一个新的连接。它将新连接用的描述符加入到它所管理的那些描述符中，并继续等待更多描述符的动作。如里一个从描述符(slave descriptor)准备就绪，服务器就调用过程 echo，该过程再调用 read 从这一连接获取数据，并调用 write 将数据发回客户。如果其中某个从描述符报告了文件结束的条件，服务器就关闭该描述符，并使用宏 FD_CLR 从 select 使用的那组描述符中将其删除。

9.6 小结

并发服务器中的执行通常是由数据到达驱动的，而不是由下层操作系统中时间分片机制驱动的。在服务仅需很少处理的情况下，单线程的实现可使用异步 I/O 管理到多个客户的连接，这种实现与使用多个线程的实现一样高效。

在单线程实现中，一个执行线程完成了主线程和从线程的职责。当主套接字准备就绪时，服务器接受一个新的连接。当其他任何一个套接字准备就绪时，服务器读取一个请求，并发送响应。9.5 节中单线程 ECHO 服务器的例子说明了单线程如何获得并发性，并展现了编程细节。

一个好的协议规约对实现是没有约束的。例如，本章描述的单线程服务器。实现了 Postel 写的 RFC8621 定义的 ECHO 协议。而第 7.20 节和第 8 章展示了对同一协议规约的另一种实现方法。这两个实现分别使用了多进程(每个进程有单个执行线程)和多线程进行处理。

习题

9.1 做一个实验,证明本章的 ECHO 服务器例子可并发处理多个连接。

9.2 将本章讨论的实现用于 DAYTIME 服务有意义吗?为什么?

9.3 阅读联机文档,找出传给 select 的描述符列表的确切表示。编写 FD_SET 和 FD_CLR 宏。

9.4 在一个具有多个处理器的计算机上,比较单线程和多进程服务器两种实现的性能。在什么情况下,单线程实现比多进程实现更好(或相同)?

9.5 假定大量客户(例如,100 个)同时访问本章中的服务器例子。请解释每个客户可观察到的情况。

9.6 单个线程服务器在不停地处理来自某个客户的请求时,可曾剥夺另一个客户的服务?多线程服务器或多个单线程进程服务器可曾出现相同情况?请解释。

第 10 章　多协议服务器设计

10.1　引言

第 9 章描述了如何构建一个单线程服务器，使用异步 I/O 以便在多个连接上提供表面上的并发性。本章将扩展这个概念，展示一个单执行线程服务器如何可以适用于多个传输协议。同时，将给出一个服务器例子，它既可以用 TCP 也可以用 UDP 来提供 DAYTIME 服务，通过这个例子来说明前面的概念。尽管这个服务器的例子循环地处理请求，但其基本概念可以直接推广到适合并发处理请求的服务器。

10.2　减少服务器数量的动机

在大多数情况下，一个给定的服务器处理针对一个服务的请求，这些请求是通过一个传输协议发来的。例如，一个提供 DAYTIME 服务的计算机系统往往要运行两个服务器，一个服务器处理来自 UDP 的请求，而另一个服务器则处理来自 TCP 的请求。

为每种协议使用一个单独服务器的主要优点是便于控制：系统管理员可以通过控制系统所运行的服务器来很容易地控制计算机所提供的协议。每种协议使用一个单独服务器的主要缺点就是重复。由于许多服务器既可以通过 UDP 也可以通过 TCP 来访问，因此每种服务都可以需要两个服务器。此外，由于 UDP 和 TCP 服务器都使用相同的基本算法来计算响应，都要包含执行计算所需要的代码。如果两个程序都含有执行某个给定服务的代码，软件管理和排错就变得冗长乏味了。当改正程序中的差错或者为适应新发布的系统软件而需要改变服务器时，程序员必须要保证两个服务器程序一样。此外，为保证 TCP 和 UDP 服务器在任何时间都能够准确地提供相同版本的服务，系统管理员必须小心谨慎地协调它们的执行。为每种协议单独运行服务器的另一个缺点来自对资源的使用：多个服务器进程（或线程）不必要地消耗了进程表的许多项目以及其他系统资源。只要回忆一下 TCP/IP 标准所定义的那几十种服务，问题的严重性就很清楚了。

10.3　多协议服务器的设计

一个多协议服务器由一个单执行线程构成，这个线程既可以在 TCP 也可以在 UDP 之上使用异步 I/O 来处理通信。服务器最初打开两个套接字：一个使用无连接的传输（UDP），另一个使用面向连接的传输（TCP）。接着，服务器使用异步 I/O 等待两个套接字之一就绪。如果 TCP 套接字就绪，就说明客户请求了一个 TCP 连接。服务器使用 accept 获得新的连接，并在这个连接上与客户通信。如果 UDP 套接字就绪，就说明客户以 UDP 数据报的形式发来一个请求。服务器用 recvfrom 读取这个请求并记录此发送者的端点地址。当服务器计算出响应后，服务器用 sendto 将响应发回给客户。

10.4 进程结构

图 10-1 给出了一个循环的、多协议服务器的进程结构。一个单执行线程接收来自多种传输协议的请求。

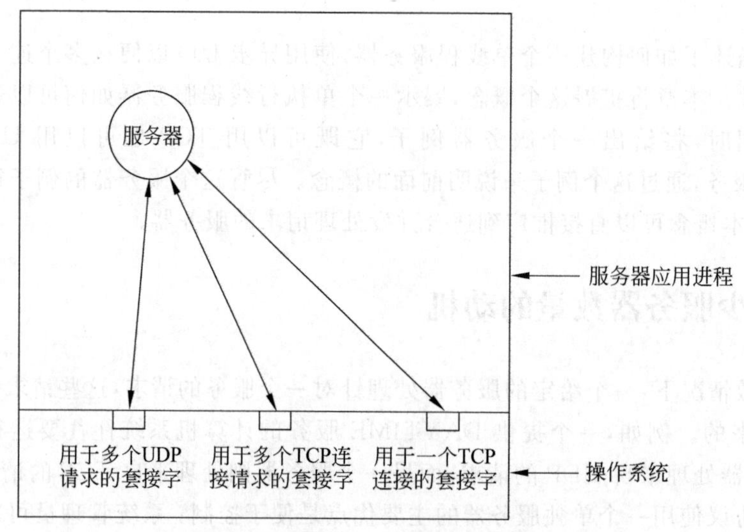

图 10-1 循环的、多协议服务器的进程结构

在任何时候，一个循环的、多协议服务器至多打开三个套接字。最初，服务器打开一个 UDP 套接字以接收 UDP 传入数据报，第二个套接字接受传入 TCP 连接请求。当一个数据报到达 UDP 套接字后，服务器计算出响应，并通过同一个套接字将其发回给客户。当一个 TCP 连接请求到达 TCP 套接字后，服务器使用 accept 获得新的连接。accept 为这个连接创建第三个套接字，服务器使用新的套接字与客户通信。一旦交互结束，服务器将关闭第三个套接字，并等待另两个套接字被激活。

10.5 多协议 DAYTIME 服务器的例子

程序 daytimed.c 说明了一个多协议服务器是如何工作的。它由一个线程构成，这个线程可以同时为 UDP 和 TCP 提供 DAYTIME 服务。

```
/* daytimed.c—main */

#include <sys/types.h>
#include <sys/socket.h>
#include <sys/time.h>
#include <netinet/in.h>
```

```
#include <unistd.h>
#include <stdio.h>
#include <string.h>

extern int errno;

int daytime(char buf[]);
int errexit(const char * format …);
int passiveTCP(const char * service, int qlen);
int passiveUDP(const char * service);

#define    MAX(x, y)    ((x)>(y) ? (x) : (y))

#define    QLEN         32

#define    LINELEN        128

/*------------------------------------------------------------------------
 * main—iterative server for DAYTIME service
 *------------------------------------------------------------------------
 */
int
main(int argc, char * argv[])
{
    char * service="daytime";       /* service name or port number */
    char  buf[LINELEN+1];           /* buffer for one line of text */
    struct sockaddr_in fsin;        /* the request from address */
    unsigned int alen;              /* from address length */
    int tsock;                      /* TCP master socket */
    int usock;                      /* UDP socket */
    int nfds;
    fd_set    rfds;                 /* readable file descriptors */

    switch(argc) {
    case    1:
        break;
    case    2:
        service=argv[1];
        break;
    default:
        errexit("usage: daytimed [port]\n");
    }

    tsock=passiveTCP(service, QLEN);
```

```
    usock=passiveUDP(service);
    nfds=MAX(tsock, usock)+1;      /* bit number of max fd */

    FD_ZERO(&rfds);

    while(1) {
        FD_SET(tsock, &rfds);
        FD_SET(usock, &rfds);

        if(select(nfds, &rfds, (fd_set *)0, (fd_set *)0,
                (struct timeval *)0)<0)
            errexit("select error: %s\n", strerror(errno));
        if(FD_ISSET(tsock, &rfds)) {
            int    ssock;            /* TCP slave socket */

            alen=sizeof(fsin);
            ssock=accept(tsock, (struct sockaddr *)&fsin,
                &alen);
            if(ssock<0)
                errexit("accept failed: %s\n",
                        strerror(errno));
            daytime(buf);
            (void) write(ssock, buf, strlen(buf));
            (void) close(ssock);
        }
        if(FD_ISSET(usock, &rfds)) {
            alen=sizeof(fsin);
            if(recvfrom(usock, buf, sizeof(buf), 0,
                (struct sockaddr *)&fsin, &alen)<0)
                errexit("recvfrom: %s\n",
                    strerror(errno));
            daytime(buf);
            (void) sendto(usock, buf, strlen(buf), 0,
                (struct sockaddr *)&fsin, sizeof(fsin));
        }
    }
}

/*------------------------------------------------------------------------
 * daytime—fill the given buffer with the time of day
 *------------------------------------------------------------------------
 */
int
daytime(char buf[])
```

```
{
    char   * ctime();
    time_t now;

    (void) time(&now);
    sprintf(buf,"%s", ctime(&now));
}
```

daytimed 有一个可选的参数，它允许用户指明服务名或协议端口号。如果用户没有提供这个参数，daytimed 使用服务 daytime 的端口号。

在分析参数之后，daytimed 调用 passiveTCP 和 passiveUDP 创建两个被动套接字，分别使用 UDP 和 TCP。这两个套接字使用相同的服务，并且对大多数服务来说，都使用相同的协议端口号。可以认为这两个是主套接字。服务器一直使它们打开，所有来自客户的最初的联系都要通过这两者之一来进行。对 passiveTCP 的调用要指明系统必须使连接请求排队的长度能够达到 QLEN。

服务器创建主套接字之后，便准备使用 select，以便等待其中之一或两者同时 I/O 准备就绪。首先，服务器把变量 nfds 设置为两个套接字中较大的那个，以此作为描述符位屏蔽码中的索引，还把位屏蔽码（变量 rfds）清零。接着，服务器进入到一个无限循环之中。在每次循环中，服务器使用宏 FD_SET 构建位屏蔽码，其置 1 的位对应于两个主套接字描述符。接着便使用 select 等待这两者之一的输入激活。

当 select 调用返回时，说明主套接字两者之一或两者都就绪了。服务器使用宏 FD_ISSET 检查 TCP 套接字和 UDP 套接字。服务器必须对两个套接字都进行检查，因为如果 UDP 数据报恰巧与 TCP 连接请求同时到达，这两个套接字都将就绪。

若 TCP 套接字就绪，就意味着某个客户发起了一个连接请求。服务器使用 accept 建立连接。accept 返回一个新的、临时的、只用于新连接的套接字描述符。服务器调用 daytime 计算响应，使用 write 将这个响应通过新连接发送出去后，使用 close 终止连接并释放资源。

若 UDP 准备就绪，就意味着某个客户发送了一个数据报来获取 daytime 响应。服务器调用 recvfrom 读取传入数据报，并记录下客户的端点地址。它也使用过程 daytime 计算响应，之后便调用 sendto 将响应发回给客户。因为对所有的通信，服务器都使用主 UDP 套接字，所以它在发送完 UDP 响应后并不调用 close。

10.6 共享代码的概念

服务器例子说明了一个重要概念：

> 一个多协议服务器的设计允许设计者创建一个单一的过程，此过程响应某个给定服务的请求，响应该过程的调用，而不必关心这些请求是来自 UDP 还是 TCP。

在 daytime 例子中，这段共享的代码只占用几行，并被放到一个叫作 daytime 的过程里。然而，在大多数实际的服务器中，计算响应所需的代码可能有几百或者上千行，并且往往还要调用许多过程。将代码放置在一个可以共享的地方会使维护更容易，还可以保证两种传输协议所提供的服务是一致的。

10.7 并发多协议服务器

如同先前所展示的单协议 DAYTIME 服务器，多协议 DAYTIME 服务器的例子使用了一种循环的方法来处理请求。之所以采用这种循环的方案，其理由也同前面所说的那个服务器的情况一样：对每个请求，DAYTIME 服务所执行的计算很少，一种循环的服务器就足够了。

若每个请求要求更多的计算，对这样的服务，一种循环的实现也许就不够了。在这种情况下，多协议设计可以扩展成并发地处理请求，一个多协议服务器可以创建一个新的线程/进程，以便并发地处理每个 TCP 连接，同时还循环地处理 UDP 的请求。多协议设计也可以扩展成使用第 13 章所述的实现方法，这种实现对各个请求提供了表面上的并发性，而这些请求来自于 TCP 连接或 UDP。

10.8 小结

多协议服务器允许设计者将某个给定服务的所有代码封装到一个程序里，这样就消除了重复，并且也更容易协调各种变化。这种多协议服务器由一个单执行线程构成。这个线程为 UDP 和 TCP 打开主套接字，并且使用 select 等待两者之一或两个套接字就绪。若 TCP 套接字就绪，服务器就接受这个新的连接并处理使用此连接的请求。若 UDP 套接字就绪，服务器就读取请求并响应它。

本章所说明的多协议服务器的设计可以扩展成允许并发处理 TCP 连接，更重要的是，它可以扩展成并发地处理请求，而不管这些请求是来自 TCP 还是 UDP。

多协议服务器使用一个单线程来计算服务的响应，消除了代码的重复。而且多协议服务器对系统资源的要求比多个单独的服务器要少(例如，要求的进程数量少了)。

Reynolds 和 Postel 写的 RFC 1700 列出了一些应用协议以及分配给它们的 UDP 和 TCP 端口号。

习题

10.1 把本章的服务器的例子扩展为并发地处理请求。研究一些 TCP/IP 所定义的最常用的服务。你能找出一个不能共享计算响应的代码的多协议服务器吗？试解释原因。

10.2 本章的例子代码允许用户以参数的形式指明服务名或协议端口号，并且在为服务创建被动套接字时使用了这个参数。有没有一种服务的例子，它对 UDP 和 TCP 使用不同的协议端口号？试修改代码，使它允许用户对每个协议分别指明不同的协议端口号。

10.3 本章的服务器的例子不允许系统管理员控制服务器使用哪个协议。试修改服务器,使其包含一个参数,这个参数允许管理员指明是只针对 TCP 或者 UDP,还是对两者都提供服务。

10.4 考虑一个网点,它决定通过某种授权机制实现安全性。这个网点为每个服务器提供一个授权了的客户的列表,并立下规则:对那些不在表中的计算机所发来的请求,服务器将不予理睬。试在这个多协议服务器的例子中实现这种授权机制。(提示:仔细查看 socket 函数,看看对 TCP 该怎么办。)

第 11 章 多服务服务器设计

11.1 引言

第 9 章描述了如何构建一个单线程服务器，它使用异步 I/O 在多个连接之间提供表面上的并发性。第 10 章说明一个多协议服务器如何同时在 TCP 和 UDP 之上提供服务。本章将扩展这些概念，把前面几章所讨论的循环的和并发的服务器的设计方法结合起来。同时，还要阐述单个服务器如何才能提供多种服务，并通过一个例子来说明这一思想，这个例子的服务器能用一个单控制线程来处理一组服务。

11.2 合并服务器

在大多数情况下，程序员为每个服务设计一个单独的服务器。前面几章中各个服务器的例子说明了单服务的方法——每个服务器在一个熟知端口上等待，并回答与该端口相关联的服务请求。因此，一台计算机往往为 DAYTIME 服务运行一个服务器，而为 ECHO 服务又运行另一个服务器，如此等等。在第 10 章里讨论了这样的问题：一个使用多协议的服务器如何有助于节约系统资源，并使程序维护更容易。把多个服务合并到一个多服务服务器(multiservice server)中的动机，同设计多协议服务器的动机一样，具有相同的优点。

若为每个服务创建一个服务器，为了估计这种方法的开销，读者需要检查一下已经标准化了的服务有多少。TCP/IP 定义了非常多的简单服务，这些服务是用来帮助对计算机网络进行测试、排错和维护的。前面几章中已有几个例子，如 DAYTIME、ECHO 以及 TIME 等，但除此之外还有很多其他服务。一个系统如果为每个标准化了的服务运行一个服务器，尽管它们中的多数可能根本不会收到请求，但系统中可能有几十个服务器进程。因此，把许多服务结合到一个服务器进程中可以显著地减少正在执行的进程数量。而且，因为许多小的服务可以由一个简单的计算完成，这样一个服务器中的大多数代码是用来处理接收请求和发送应答的，将许多服务结合进一个服务中可以减少所需要的总的代码数量。

11.3 循环的、无连接的、多服务服务器设计

多服务服务器既可使用无连接的也可使用面向连接的传输协议。图 11-1 给出了一个循环的、无连接的、多服务服务器的进程结构。单控制线程在多个套接字上等待数据报，每个套接字都各自对应一种服务。

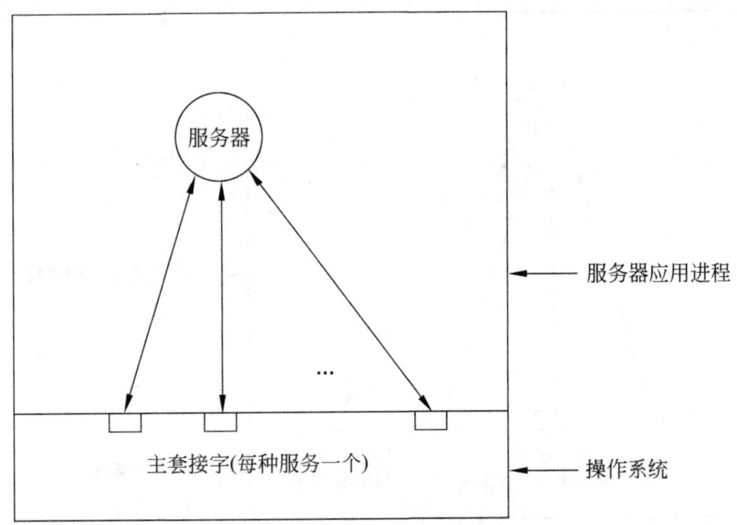

图 11-1　循环的、无连接的、多服务服务器的进程结构

如图 11-1 所示，一个循环的、无连接的、多服务服务器往往由一个控制线程以及提供服务所需要的全部代码组成。服务器打开一组套接字，并将每个套接字与一个熟知端口绑定，每个端口与一个所提供的服务相对应，服务器使用一个很小的表将套接字映射到服务上。对每个套接字描述符，表记录了处理服务（由套接字提供的）的过程的地址。服务器使用 select 系统调用等待任一套接字上的数据报的到达。

当一个数据报到达后，服务器调用合适的过程，计算出响应，并将应答发送出去。由于映射表记录了每个套接字所提供的服务，服务器可以很方便地将套接字描述符映射到处理这个服务的过程上。

11.4　循环的、面向连接的、多服务服务器设计

面向连接的、多服务服务器也可以遵照一种循环的算法。从原理上说，这样一个服务器同一组循环的、面向连接的服务器执行相同的任务。更准确地说，就是在一个多服务服务器中，单个执行线程取代了一组面向连接的服务器中的多个主服务器线程。在顶层(top level)，这个多服务服务器使用异步 I/O 处理任务。图 11-2 给出了这个服务器的进程结构。在任何时候对每个服务，单控制线程只有一个打开的套接字，并且最多只有一个附加的套接字用来处理某个特定的连接。

当这个多服务服务器开始执行时，先为它所提供的每个服务创建一个套接字，并将该套接字绑定在服务的熟知端口上，接着，使用 select 等待任一套接字上的传入连接请求。只要这些套接字中有一个就绪，服务器就调用 accept 获得刚刚到来的新连接。accept 为这个传入连接创建一个新的套接字。服务器使用新的套接字与客户交互，之后便将其关闭。因此，除了每个服务有一个主套接字外，服务器在任何时候最多只有一个打开的附加套接字。

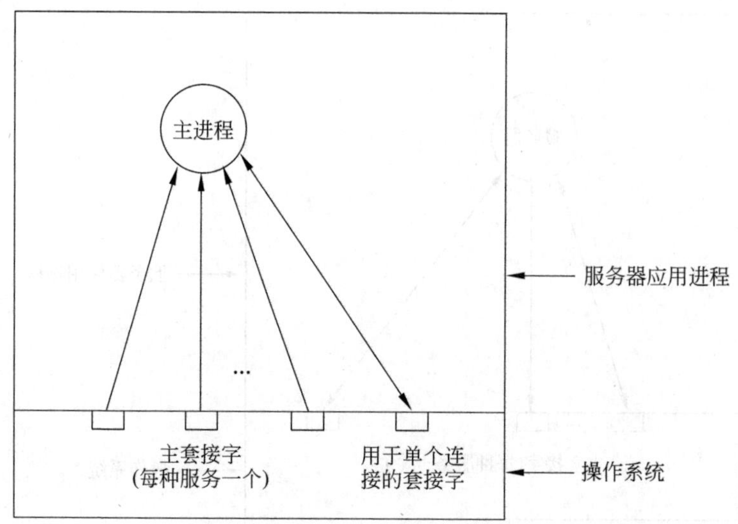

图 11-2　循环的、面向连接的多服务服务器的进程结构

如同无连接服务器的情况，服务器保持着一个映射表，这样就可决定如何处理每个传入连接。当服务器启动时，分配了主套接字。对每个主套接字，服务器都在映射表中增加一个条目，这个映射表指明了套接字号以及实现(由这个套接字所提供的)服务的过程。在为每个服务分配一个主套接字后，服务器调用 select 等待连接。一旦连接到达，服务器使用映射表来确定要调用众多内部过程中的哪一个，由这个过程处理客户所请求的服务。

11.5　并发的、面向连接的、多服务服务器设计

当一个连接请求到达时，多服务服务器就调用一个过程，接受并且直接处理(使服务器循环执行)这个新的连接，或者也可以创建一个新的从进程来处理这个新连接(使服务器并发执行)。实际上，一个多服务服务器程序可以设计成循环地处理某些服务，而对其他的一些服务则并发地处理；程序员并不需要对所有服务都采用单一的方式。如同第 10 章所述的并发服务器，并发性可以通过多个单线程的进程来实现，也可以通过一个多线程的进程来实现。图 11-3 给出了一种多服务服务器的进程/线程结构，它使用一种并发的、面向连接的实现方法。主进程/线程处理传入连接请求，而从进程/线程处理各个连接。

在循环方式的实现中，一旦过程同客户的通信结束，它将关闭新连接。在并发的方式中，主服务器进程一旦创建了从进程就立即关闭这个连接，而在从进程中，这个连接继续保持打开。从进程就像一个常规的、面向连接的服务器中的从进程一样工作。它在这个连接之上与客户通信，接收请求并发送应答。当结束交互后，该从进程关闭套接字，终止与客户的通信，然后退出。

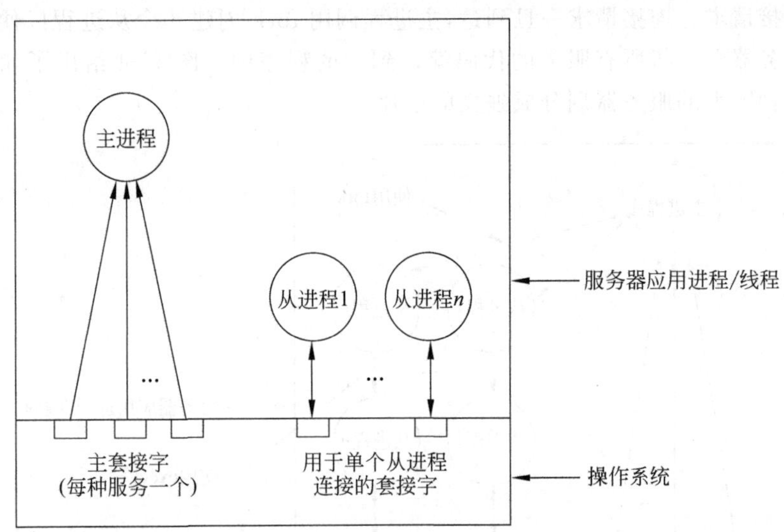

图 11-3 并发的、面向连接的、多服务服务器的进程/线程结构

11.6 并发的、单线程的、多服务服务器的实现

用单个执行线程管理多服务服务器中的所有活动，这种设计尽管并不多见，但却是可能的。它就像第 10 章所讨论的服务器。不同于为每个传入连接创建一个从进程/线程，服务器把为每个新连接所分配的套接字加入到 select 调用所要使用的套接字集参数中。如果各主套接字中有一个就绪，服务器就调用 accept；如果各从套接字中有一个就绪，服务器就调用 read 以便从客户那里获得传入请求，接着构成响应，并且调用 write 把响应发回给客户。

11.7 从多服务服务器调用单独的程序

到目前为止，我们所讨论的多数设计方案的主要缺点是缺乏灵活性：改变任何一个服务的代码都必须要重新编译整个多服务服务器。如果不考虑让一个服务器处理很多种服务，这个缺点就无关紧要。任何一个小的改变都要求程序员重新编译服务器，并终止服务器的执行，还要用新编译的代码重新启动服务器。

如果一个多服务服务器提供很多种服务，那么在任何给定的时间里，至少有一个客户要跟服务器通信的机会就更高。因此，终止服务器会在某些客户中引起问题。此外，服务器所提供的服务越多，它需要修改的概率也越大。

设计者们往往通过使用独立编译的程序，将一个庞大的、完整统一的、多服务服务器划分成一个个独立的单元，这些单元处理各个服务。当把这一概念应用到一个并发的、面向连接的设计时，它就是最易理解的。

设想如图 11-3 所示的并发的、面向连接的、多服务服务器。主服务器从一组主套接字上等待连接请求。连接请求一旦到达，主进程调用 fork 创建一个从进程以便处理这个连接。主服务器必须将所有服务的代码编译到它的程序中。图 11-4 给出了如何修改设计以便将这种庞大的服务器划分成独立的小片。

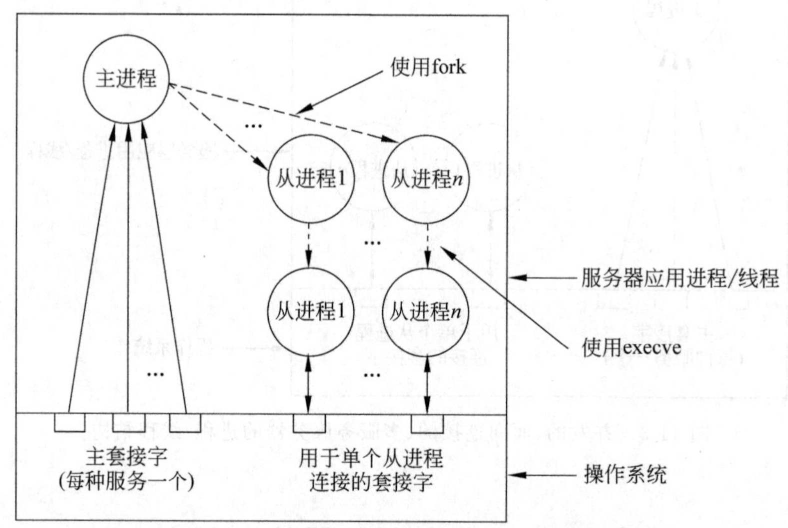

图 11-4　面向连接的、多服务服务器的进程结构

如图 11-4 所示，主服务器使用 fork 创建一个新进程来处理每个连接。然而，与以前的设计不同，从进程以调用 execve 的方式用一个新的程序替代了原来的代码，这个新的程序将处理所有的客户通信。

由于 execve 是从一个文件中获取这个新程序的，上述设计将允许系统管理员在替换文件时，不必再重新编译多服务服务器，然后再终止服务器进程，或再重新启动服务器。从概念上说，使用 execve 就把处理各个服务的程序同设立连接的主服务器代码分离开了。

这种面向连接的、多服务服务器的进程结构显示每个子进程使用 execve。

在多服务服务器中，系统调用 execve 使得有可能将处理每个服务的代码与管理客户发来的初始请求的代码分隔开。

11.8　多服务、多协议服务器设计

你可能会把一个多服务服务器看作是只单独适应无连接的或面向连接的协议，尽管这看上去很自然，但多协议的设计方案也是可能的。正如第 10 章所述，多协议的设计方案允许单个服务器线程同时管理针对同一个服务的 UDP 套接字和 TCP 套接字。在多服务的情况下，服务器可以为它所提供的一些甚至全部的服务管理 UDP 套接字和 TCP 套接字。

许多网络专家使用术语超级服务器(super server)来指一种多服务、多协议服务器。在原理上，超级服务器的运行很像是一个常规的多服务服务器。在开始时，服务器为它所

提供的每个服务打开一个或两个主套接字。对某个给定的服务，它的主套接字对应于无连接的传输(UDP)或者面向连接的传输(TCP)。服务器使用 select 等待任一套接字就绪。如果一个 UDP 套接字就绪，服务器调用一个过程，该过程从这个套接字中读取下一请求(数据报)并计算出响应，然后将应答发送出去。如果是一个 TCP 套接字就绪，服务器也调用一个过程，该过程从这个套接字中接受下一个连接并对其进行处理。服务器可以采用循环的方法直接处理这个连接，也可以创建一个新的进程，使服务器按并发方式来处理这个连接。

11.9 多服务服务器的例子

文件 superd.c 中的多服务服务器扩展了第 8 章所述的服务器实现方法。在初始化数据结构并为它所提供的每个服务打开了套接字之后，服务器主程序便进入无限循环。每次循环都调用 select，以便等待各套接字中的某个准备就绪。当有请求到达时，select 就返回。

当 select 返回时，服务器循环扫描每个可能的套接字描述符，使用宏 FD_ISSET 来测试描述符是否就绪。如果发现就绪的描述符，它就调用一个函数来处理这个请求。为此，服务器首先利用数组 fd2sv 将描述符映射到数组 svent 中的某个条目。

svent 中的每个条目都含有 service 类型的结构，它将套接字描述符映射为服务。service 中的 sv_func 字段含有函数地址，该函数负责处理这个服务。在将描述符映射到 svent 中的某个条目后，程序便调用这个选中的函数。对于 UDP 套接字，服务器直接调用服务句柄(service handler)；而对于 TCP 套接字，服务器通过过程 doTCP 间接地调用服务句柄。

TCP 上的服务要求另外的过程，这是因为 TCP 套接字对应于面向连接的服务器的主套接字。当此套接字就绪时，就意味着有一个连接请求已经到达这个套接字。这个服务器需要创建一个新的进程来管理这个连接。因此，过程 doTCP 调用 accept 来接受这个新连接，接着调用 fork 创建了一个新的从进程。在关闭了那些无关的文件描述符后，doTCP 调用服务句柄函数(sv_func)，当服务函数返回后，从进程便退出。

```
/* superd.c—main */

#define _USE_BSD  0
#include <sys/types.h>
#include <sys/param.h>
#include <sys/socket.h>
#include <sys/time.h>
#include <sys/resource.h>
#include <sys/errno.h>
#include <sys/signal.h>
#include <sys/wait.h>
#include <netinet/in.h>
```

```
#include <unistd.h>
#include <stdlib.h>
#include <stdio.h>
#include <string.h>

extern int errno;

#define  UDP_SERV  0
#define  TCP_SERV  1

#define  NOSOCK       -1    /* an invalid socket descriptor */

struct service {
    char   * sv_name;
    char   sv_useTCP;
    int    sv_sock;
    void   (* sv_func)(int);
};

void   TCPechod(int), TCPchargend(int), TCPdaytimed(int), TCPtimed(int);

int passiveTCP(const char * service, int qlen);
int passiveUDP(const char * service);
int errexit(const char * format, …);
void  doTCP(struct service *psv);
void  reaper(int sig);

struct service svent[]=
    {  {"echo", TCP_SERV, NOSOCK, TCPechod },
       {"chargen", TCP_SERV, NOSOCK, TCPchargend },
       {"daytime", TCP_SERV, NOSOCK, TCPdaytimed },
       {"time", TCP_SERV, NOSOCK, TCPtimed },
       { 0, 0, 0, 0 },
    };

#ifndef  MAX
#define  MAX(x, y)  ((x)>(y) ? (x) : (y))
#endif  /* MAX */

#define  QLEN        32

#define  LINELEN     128
```

```
extern  unsigned short  portbase;      /* from passivesock() */

/*------------------------------------------------------------------------
 * main—super-server main program
 *------------------------------------------------------------------------
 */
int
main(int argc, char *argv[])
{
    struct service *psv,              /* service table pointer */
        *fd2sv[NOFILE];               /* map fd to service pointer */
    int fd, nfds;
    fd_set afds, rfds;                /* readable file descriptors */

    switch(argc) {
    case 1:
        break;
    case 2:
        portbase=(unsigned short) atoi(argv[1]);
        break;
    default:
        errexit("usage: superd [portbase]\n");
    }

    nfds=0;
    FD_ZERO(&afds);
    for(psv=&svent[0]; psv->sv_name;++psv) {
        if(psv->sv_useTCP)
            psv->sv_sock=passiveTCP(psv->sv_name, QLEN);
        else
            psv->sv_sock=passiveUDP(psv->sv_name);
        fd2sv[psv->sv_sock]=psv;
        nfds=MAX(psv->sv_sock+1, nfds);
        FD_SET(psv->sv_sock, &afds);
    }
    (void) signal(SIGCHLD, reaper);

    while(1) {
        memcpy(&rfds, &afds, sizeof(rfds));
        if(select(nfds, &rfds, (fd_set *)0, (fd_set *)0,
                (struct timeval *)0)<0) {
            if(errno==EINTR)
                continue;
            errexit("select error: %s\n", strerror(errno));
```

```
        }
        for(fd=0; fd<nfds;++fd)
            if(FD_ISSET(fd, &rfds)) {
                psv=fd2sv[fd];
                if(psv->sv_useTCP)
                    doTCP(psv);
                else
                    psv->sv_func(psv->sv_sock);
            }
    }
}

/*-----------------------------------------------------------------
 * doTCP—handle a TCP service connection request
 *-----------------------------------------------------------------
 */
void
doTCP(struct service *psv)
{
    struct sockaddr_in fsin;     /* the request from address */
    unsigned int alen;           /* from address length */
    int fd, ssock;

    alen=sizeof(fsin);
    ssock=accept(psv->sv_sock, (struct sockaddr *)&fsin, &alen);
    if(ssock<0)
        errexit("accept: %s\n", strerror(errno));
    switch(fork()) {
    case 0:
        break;
    case -1:
        errexit("fork: %s\n", strerror(errno));
    default:
        (void) close(ssock);
        return;         /* parent */
    }
    /* child */

    for(fd=NOFILE; fd>=0; --fd)
        if(fd !=ssock)
            (void) close(fd);
    psv->sv_func(ssock);
    exit(0);
}
```

```
/*-------------------------------------------------------------
 * reaper—clean up zombie children
 *-------------------------------------------------------------
 */
void
reaper(int sig)
{
    int status;

    while(wait3(&status, WNOHANG, (struct rusage *)0)>=0);
        /* empty */
}
```

超级服务器例子提供了四种服务：ECHO、CHARGEN、DAYTIME 和 TIME。除了 CHARGEN，其他的服务在前面几章中都讲述过。程序员使用 CHARGEN 服务测试客户软件。客户一旦同 CHARGEN 服务器构成了一个连接，服务器就生成一个无限的字符序列，并将其发送给客户。

文件 sv_funcs.c 包含了处理各个服务的函数的代码。

```
/* sv_funcs.c—TCPechod, TCPchargend, TCPdaytimed, TCPtimed */

#include <sys/types.h>

#include <unistd.h>
#include <stdio.h>
#include <time.h>
#include <string.h>

#define    BUFFERSIZE    4096        /* max read buffer size */

extern  int errno;

void    TCPechod(int),CPchargend(int),TCPdaytimed(int),TCPtimed(int);
int errexit(const char * format …);

/*-------------------------------------------------------------
 * TCPecho—do TCP ECHO on the given socket
 *-------------------------------------------------------------
 */
void
TCPechod(int fd)
{
    char buf[BUFFERSIZE];
```

```
    int cc;

    while(cc=read(fd, buf, sizeof buf)) {
        if(cc<0)
            errexit("echo read: %s\n", strerror(errno));
        if(write(fd, buf, cc)<0)
            errexit("echo write: %s\n", strerror(errno));
    }
}

#define    LINELEN     72

/*------------------------------------------------------------------------
 * TCPchargend—do TCP CHARGEN on the given socket
 *------------------------------------------------------------------------
 */
void
TCPchargend(int fd)
{
    char c, buf[LINELEN+2];         /* print LINELEN chars+\r\n */

    c=' ';
    buf[LINELEN]='\r';
    buf[LINELEN+1]='\n';
    while(1) {
        int i;

        for(i=0; i<LINELEN;++i) {
            buf[i]=c++;
            if(c>'~')
                c=' ';
        }
        if(write(fd, buf, LINELEN+2)<0)
            break;
    }
}

/*------------------------------------------------------------------------
 * TCPdaytimed—do TCP DAYTIME protocol
 *------------------------------------------------------------------------
 */
void
TCPdaytimed(int fd)
{
```

```
    char buf[LINELEN], *ctime();
    time_t now;

    (void) time(&now);
    sprintf(buf,"%s", ctime(&now));
    (void) write(fd, buf, strlen(buf));
}

#define    UNIXEPOCH     2208988800UL     /* UNIX epoch, in UCT secs */

/*------------------------------------------------------------------------
 * TCPtimed—do TCP TIME protocol
 *------------------------------------------------------------------------
 */
void
TCPtimed(int fd)
{
    time_t now;

    (void) time(&now);
    now=htonl((unsigned long)(now+UNIXEPOCH));
    (void) write(fd, (char *)&now, sizeof(now));
}
```

对各个函数的代码，读者可能觉得大多数都很面熟；它们来自前面各章的各个服务器例子程序。CHARGEN 服务的代码可以在过程 TCPchargend 中找到，写得简单明了。这个过程含有一个循环，它不停地产生一个填满 ASCII 字符的缓存，并调用 write 将这个缓存的内容发送给客户。

11.10 静态的和动态的服务器配置

在实际中，许多系统都提供了一个超级服务器框架，系统管理员可以在它上面增加其他服务。为便于使用超级服务器通常是可配置的，即不必重新编译源代码就可以改变服务器所能处理的各种服务。可以有两种类型的配置方法：静态的(static)和动态的(dynamic)。

静态配置发生在超级服务器开始执行时。典型的情况是，配置信息放置在一个服务器启动时可以读取的文件中。配置文件指明服务器可以处理的一组服务以及每个服务所使用的某个可执行的程序。要改变所要处理的服务，系统管理员只需改变配置文件并重新启动服务器。

动态配置发生在超级服务器运行的时候。就像静态配置的服务器那样，动态配置的服务器在开始执行时读取一个配置文件。这个配置文件决定了服务器开始时所能处理的各种服务。与静态配置的服务器不同的是，动态配置的服务器不必重新启动就可以重新定义它所提供的服务。为了改变服务,系统管理员先改变配置文件,然后通知服务器要求重新配置。于是,服务器检查配置文件,按文件所述来改变它的行为。

管理员如何通知服务器需要重新配置呢?答案在操作系统上。在 Linux 操作系统中,信号机制被用作进程间通信。管理员向服务器发送一个信号,服务器必须捕获这个信号并把它的到来解释为重配置请求。在没有一种进程间通信机制的操作系统中,动态重配置建立在传统的通信之上——管理员使用 TCP/IP 与服务器通信。为了能够通信,服务器被这样编程,即它打开了一个用于控制的额外的套接字。当要求重新配置时,管理员就在这个控制连接上与服务器通信。

当管理员迫使服务器动态重新配置时,服务器读取配置文件并更改它所提供的服务。若配置文件中含有一个或多个前一配置中没有的服务,服务器就为新的服务打开套接字以接受服务请求。若有一个或多个服务在配置文件中被删除,服务器就将这些不必再处理的服务所对应的套接字关闭。当然,设计良好的服务器会从容地处理重新配置,即对停止了的服务,尽管服务器不会再接受新的请求,但它并不将那些已在进程中存在的连接异常中止。因此,从客户来的请求要么被拒绝,要么就被完全处理。

使超级服务器成为可动态配置的,将增加相当程度的灵活性。可以不改变超级服务器本身,就能改变处理某个给定服务的可执行程序。更进一步地说,不必重新编译服务器的代码,也不必重新启动服务器,就可以改变服务器所提供的那组服务。程序员可以测试新的服务而不必打断正在运行的服务。更重要的是,因为重新配置不要求改变源代码,所以非程序员也能学会配置一个服务器。总之:

> 可动态配置的超级服务器是灵活的,这是因为不必重新编译服务器代码或重新启动服务器就可以改变服务器所提供的服务。

11.11 UNIX 超级服务器——inetd

大多数 UNIX 操作系统,包括 Linux 在内,都运行一个能处理许多服务的超级服务器,它被称为 inetd。该 UNIX 超级服务器也许是最著名的,许多厂商在其系统中都含有 inetd 的版本。

设计 inetd 的初始动机:人们期望一种有效的机制可以提供许多服务,但并不过分地使用系统资源。具体地说,尽管一些 TCP/IP 的服务(例如,ECHO 和 CHARGEN),对测试和调试很有用,但在实际工作的系统中却很少被使用。为每个服务都创建一个服务器要占用系统资源(例如,进程表中的条目和换页空间)。此外,如果各个单独的进程并发执行,它们会竞争使用内存。因此,把各个服务器合并到超级服务器中会减少开销,但并不减少功能。

inetd 是可动态配置的,其配置信息保存在一个文本文件中。文件中的每个条目有六个甚至更多的字段,如表 11-1 所示。每个条目开始的六个字段是必须要有的,由一些连续的非空格字符构成;一行中剩下的字构成了参数。

表 11-1 在 inetd 的配置文件中一个条目的各个字段

字 段	含 义
服务名(service name)	所提供的服务的名字(名字必须出现在系统的服务数据库中)
套接字类型(socket type)	使用的套接字类型(必须是一个合法的套接字类型,例如,stream 或 dgram)
协议(protocol)	服务所使用的协议的名字(必须是一个合法的协议名,例如,TCP 或 UDP)
等待状态(wait status)	值 wait 指明 inetd 在处理另一请求前应等待服务程序处理完一个请求,而值 nowait 则允许并发性
用户标识符(userid)	登录标识符(login id)服务程序在其权限下运行。根(root)用户拥有绝对的特权
服务器程序(server program)	要执行的服务程序的名字,或使用字符串 internal 以指定使用编译到 inetd 中的代码版本
参数(arguments)	零个或者多个参数。它们被传递给 inetd 所执行的服务程序

当服务器首次启动或者重新配置之后,它必须为配置文件中的每个新服务创建一个主套接字。为此服务器将解析配置文件,取出文件中的各个字段。套接字类型字段决定主套接字是使用流(stream)还是使用数据报(dgram)。inetd 还必须为每个套接字绑定一个本地协议端口号。为找到一个协议端口号,inetd 取出配置文件中的服务名字段和协议字段,用这两个字段向系统的服务数据库查询,该数据库返回这个服务所使用的协议端口号;如果服务数据库没有包含该服务名字段和协议字段组合构成的条目,inetd 就不能处理这个服务。

主套接字一旦创建,inetd 便记录下配置文件中剩下的信息,并等待主套接字上到达的请求。当某个客户联络某个特定的服务时,inetd 利用记录下来的信息决定如何进行。例如,等待状态字段决定了 inetd 是否并发地运行服务程序的多个副本。若配置文件指明该字段为 nowait(不等待),inetd 就为每个到达的请求创建一个新的进程,并允许所有进程并发运行。因为 inetd 要派生一个执行服务程序的子进程,这样,每有一个请求到达,就要创建一个新的进程。inetd 进程一直保持运行,不停地在主套接字上等待请求的到来。

从概念上讲,等待状态字段的值为 wait(等待)意味着 inetd 将循环地处理服务请求:在 inetd 启动另一个进程以便运行某个程序之前,服务程序应完成对一个请求的处理。有趣的是,如果一个请求首次到达,而它所请求的服务被指明为 wait 状态,inetd 就会派生一个单独的进程来运行服务器程序。为理解其原因,观察下 inetd 就会知道,当等待某个服务时,inetd 不能被阻塞,这是因为其他服务也许需要继续并发执行。为防止启动多个进程,inetd 只是简单地选择了这样的方式,即在服务器程序结束前不接收进一步的请求:在为某个给定服务启动了一个进程后,inetd 使用等待状态字段以决定如何继续下去。若一个服务的等待状态指明为 wait,inetd 从它所监听的套接字集合中把这个服务的主套接字删除。当运行这个服务的进程结束后,inetd 便将这个套接字加入到活动集合中，又开始等待接收对这个服务的请求。

尽管等待状态字段提供了循环执行和并发执行之间的概念上的区别，但选择 wait 字段还有一个实际的理由。具体地说，UDP 服务对这样的服务使用 wait，即这个服务要求客户和服务器交换多个数据报。wait 状态防止 inetd 在服务程序结束前就使用该套接字。这样，客户可以不受干扰地向服务程序发送数据报。一旦服务程序结束，inetd 就可以重新使用这个套接字了。

无论哪种形式的等待方式，inetd 都使用配置文件中的服务器程序字段来决定执行哪个服务程序。如果该字段指明为内部的（internal），inetd 就调用一个内部过程来处理这个服务。否则，inetd 将这个字符串看作待执行的服务程序的文件名。在 inetd 调用一个服务器后，它将参数字段的内容传递给该服务器程序。

11.12 inetd 服务器的例子

一个简单的例子可以阐明 inetd 的配置及一些其他细节。假设程序员希望为 DAYTIME 服务对新的服务器进行排错。新的服务器能够很容易地加入到 inetd 中。首先，要给服务指派一个临时名，并选择一个临时的协议端口号，还要将信息加入到系统服务数据库中。例如，若程序员选择了名字 timetest 及协议端口号 10250，下面的条目将被加到文件/etc/services 中：

```
timetest  10250/tcp
```

另外，还必须写一个服务器程序。由于 inetd 创建了必要的套接字并接受一个传入连接，服务器程序就不必包含这些细节了，只需要处理针对一个连接的通信。例如，文件 inetd_daytimed.c 包含了 DAYTIME 服务器的代码，这个服务器可以同 inetd 配合使用。

```
/* inetd_daytimed.c—main */

#include <sys/types.h>

#include <unistd.h>
#include <stdlib.h>
#include <string.h>

/*------------------------------------------------------------------------
 * main—inetd client for DAYTIME service
 *------------------------------------------------------------------------
 */
int
main(int argc, char *argv[])
{
        char *pts;                      /* pointer to time string */
        time_t  now;                    /* current time */
```

```
    char * ctime();

        (void) time(&now);
        pts=ctime(&now);
        (void) write(0, pts, strlen(pts));
    exit(0);
}
```

正如例子所说明的,这个由 inetd 所调用的、基本的、面向连接的服务器,只需要少量的代码。在 inetd 接受了一个传入连接后,在执行服务器前,它将连接转移到文件描述符 0 上。因此,服务器常常使用描述符 0 与客户通信。此外,服务器并没有包含选择使用循环方式还是并发方式的代码,这是因为 inetd 处理了所有这些细节。

服务器代码被编译后,编译的结果是可执行的程序,它被放置在一个文件当中,inetd 的配置可更改成能引用这个服务器。例如,若上面这个程序的已编译版本放入文件/pub/inetd_daytimed,下列条目可以加到/etc/inetd.conf 中:

```
timetest stream tcp nowait root
  /pub/inetd_daytimedinetd_daytimed
```

这个条目说明了一个叫作 timetest 的服务,它要求一个流套接字和 TCP 协议。服务器并发执行并作为 root 用户运行。最后该服务器的可执行版本可在/pub/inetd_daytimed 中找到,并且传递给服务器的唯一的命令行参数是它的名字——inetd_daytimed。

11.13 小结

本章介绍了服务器实现的各种变化式样。表 11-2 给出了一个简单的小结,即本章所讨论的各种广泛使用的服务器变化式样。在所有多服务服务器的设计中,超级服务器(以及面向连接的运输层)是最流行的。

表 11-2 本章所讨论的各种广泛使用的服务器变化式样

类 型	描 述
循环式	(不常见) 单服务、多协议 多服务、多协议
单执行线程并发式	(常见) 单服务、多协议 多服务、单协议 多服务、多协议
多进程/线程并发式	典型的多服务、单协议
独立执行程序并发式	超级服务器 往往是多服务、多协议和配置文件

在设计服务器时，程序员可以在无数的实现方案中进行选择。尽管大多数服务器只提供单一的服务，但程序员可以选择一种多服务的实现方法，以减少需要执行的服务器的数量。大多数多服务服务器使用一个传输协议。然而，可以使用多协议以便把无连接的和面向连接的服务结合进一个服务器中。最后，程序员可以用并发进程或线程实现一种并发的、多服务服务器，也可以在单执行线程中使用异步 I/O 以提供表面上的并发性。

本章给出了一个服务器的例子，它说明了一个多服务服务器是如何使用异步 I/O 取代一组主服务器的。该服务器调用操作系统原语 select，等待任一主套接字被激活。

服务器可以静态配置，也可以动态配置。静态配置发生在服务器开始执行时；动态配置发生在服务器运行当中。动态配置允许系统管理员改变所提供的服务集合而不需要重新编译或启动服务器。Linux 超级服务器 inetd 允许动态重新配置。

Linux 程序员手册的第 8 部分描述了 inetd 超级服务器，它还描述了 inetd 配置文件/etc/inetd. conf 中各条目的语法。

习题

11.1 若一个面向连接的、并发的、多服务服务器处理 K 个服务，它将使用的套接字的最大数目是多少？

11.2 在你的本地计算机系统中，单个进程可以创建多少个套接字？

11.3 考虑一个多服务服务器的单线程实现方案。写出一个算法，该算法说明服务器如何管理连接。

11.4 在本章所描述的多服务服务器例子中增加一个 UDP 服务。

11.5 阅读 RFC 1288，找出 Finger 服务。在本章的多服务服务器例子中增加 Finger 服务。

11.6 设计一个超级服务器，允许不必重新编译或重新启动就能增加新服务。

11.7 对本章所讨论的每个循环的和并发的多服务服务器的设计，写出一个表达式，计算每个服务器要分配的套接字的最大数。将你的结果表示为所提供的服务数目和要并发处理的请求数目的函数。

11.8 一个超级服务器，为处理每个连接要派生一个进程，然后利用 execve 运行一个提供服务的程序，说明这种方法的主要缺点。

11.9 查看某台 Linux 计算机中的配置文件，查明 inetd 提供哪些服务。

11.10 参考描述 inetd 配置文件的手册页，参数字段中的 A%是什么意思？它在什么时候才重要？

第 12 章　服务器并发性管理

12.1　引言

前几章给出一些特定的服务器的设计并展示了每种设计如何使用循环的或并发的处理方式。第 11 章还研究了如何结合一些设计来创建一个多服务服务器。

本章将以更广的角度研究并发服务器。同时，将考察服务器设计所蕴涵的问题以及管理并发性的几种技术，这些技术可以应用于前文的许多设计。它们增加了设计的灵活性，并允许设计人员优化服务器性能。虽然这里提到的两个主要方法似乎相互矛盾，但它们各自在某些情况下可以提高服务器的性能。此外，我们将明白这两种技术出自同一个概念。

12.2　在循环设计和并发设计间选择

至此为止，我们所讨论的服务器设计方案可分为两类：循环地处理请求和并发地处理请求。前几章的讨论表明，设计人员必须在构建服务器前，在两种基本方法之间做出明确的选择。

在循环设计和并发设计间选择是很重要的，因为这会影响整个程序的结构，以及觉察到的响应时间和服务器处理多个请求的能力。如果设计人员在设计过程之初就决策失误，那么改变决策的开销将会很高，很大一部分程序可能需要重写。

程序员如何才能知道能否保证并发性呢？如何知道哪种服务器设计是最佳的？尤其重要的是，如何估计需求或服务时间？由于网络的变化使得这些问题不容易回答：经验表明，网络趋于飞速甚至无法预料地增长。只要用户发现了服务，对服务的访问就会增加。随着已连接用户的数目的扩大，对各个服务器的需求也随之增长。同时，新技术和产品将继续改善通信和处理速度。但是，通信和处理速度正常情况并不以同一速率增长。先是一个增长较快，然后另一个也随之增长。

可能有人会感到疑惑：在不断变化的世界中，设计人员究竟如何才能做出基本的设计选择。答案通常来源于经验和直觉：设计人员通过观察近期的趋势，以便尽可能地做出最佳估计。实际上，设计人员是根据近期历史记录的总结形成对不久的将来的估计。当然，他们只能提供一个近似值：当技术和用户需求发生变化时，必须重新评估决策，并且可能要改变设计。其要点如下：

> 由于用户需求、处理速率和通信能力的迅速变化，在循环的和并发的服务器设计当中进行选择可能很困难。大多数设计人员是根据近期的变化趋势进行推断来做出选择的。

12.3 并发等级

考虑并发服务器实现中的一处细节：服务器所允许的并发等级。定义服务器的并发等级(level of concurrency)：在某个给定时刻一个服务器中正在运行着的执行线程总数。为处理传入请求，服务器创建一个线程，在处理完请求后，从线程退出。因此，服务器的并发等级会随时间发生变化。程序员和系统管理员并不关心跟踪某个给定时间的并发等级，却关心服务器的整个生命期间所展现出的并发等级的最大数值。

到目前为止已提出的各种设计中，只有很少几个需要设计人员为服务器指定最大并发等级。大多数设计允许主服务器创建足够多的从线程，以便处理传入请求。

通常，一个并发的、面向连接的服务器，会为每个来自客户的连接创建一个进程。当然，一个实用的服务器不能处理任意数量的连接。每个 TCP 的实现可能都限制了活动的连接数，并且每个操作系统都限制可用的线程数（系统必须要限制每个用户可用的线程数，也要限制可用的线程总数）。当服务器达到其中一个限制，系统将拒绝其请求更多的资源。

为了增加灵活性，许多程序员避免为程序的并发等级设置固定的上限。如果服务器代码没有一个预先确定的最大并发等级，那么同一实现可在一个相当宽广的范围内都适用（即其适用场合可以从不需要很多并发性的环境到有很多并发性需求的环境）。当服务器从一种类型转移到另一种类型的环境下，程序员并不需要改变程序代码或重新编译。但是，在具有重负荷的环境中，不限制并发性的服务器是有危险的。在运行服务器的操作系统中，只要进程没有多得无法招架，并发性还是可以增加的。

12.4 需求驱动的并发

在前面几章所给出的并发服务器设计中，为增加灵活性，大多数服务器利用传入请求来触发并发性的增长。我们将这种方案称为需求驱动(demand driven)，并且认为并发等级按需求增加(increase on demand)。

按需求增加并发性的服务器似乎是最佳的，因为它们只在需要时才使用线程或缓存这样的系统资源。因此，需求驱动的服务器只在需要时才使用资源。此外，需求驱动的服务器可处理多个请求而不需等待一个现有请求被处理完毕，这样就能提供明显低的响应时间。

12.5 并发的代价

并发的代价是指在并发设计中线程/进程创建需要的资源和时间，它是否远远小于处理传入请求需要的资源和时间。

尽管由需求驱动并发这一方法的一般动机值得推崇，但前面几章提到的实现可能没有产生最佳的效果。要了解其原因，必须考虑线程/进程创建和调度的微小细节，以及服务器运行的细节。中心议题是如何度量代价和收益。具体来说就是必须考虑并发的代价和收益。

12.6 额外开销和时延

前面几章给出的服务器设计都使用传入请求来度量需求，并且以此来触发并发性的增长。主服务器等待请求，并在请求到达后立刻创建一个新的从线程/进程来处理它。因此，在任一时刻的并发等级反映了服务器已收到的、但还未处理完毕的请求数目。

尽管请求驱动的方案相当简单，但为每个请求创建一个新线程的开销却是昂贵的。不管服务器使用的是无连接的还是面向连接的传输，操作系统都必须通知主服务器有一个报文或是一个连接已到达。主服务器还必须要请求系统创建一个从线程/进程。

从一个网络接收请求并创建一个从线程/进程可能要花费相当多的时间。除了延迟对请求的处理，创建一个进程还将消耗系统资源。因此，在传统的单处理器上，当操作系统创建一个新进程/线程并切换环境时，服务器将不会执行。

12.7 小时延问题

在创建新进程时，小时延会引起麻烦吗？图12-1说明如果请求所需要的处理不是很多，发生麻烦是可能的。处理一个请求所需的时间是 p，p 小于创建一个进程所需的时间 c，因而循环式有较低的延迟。

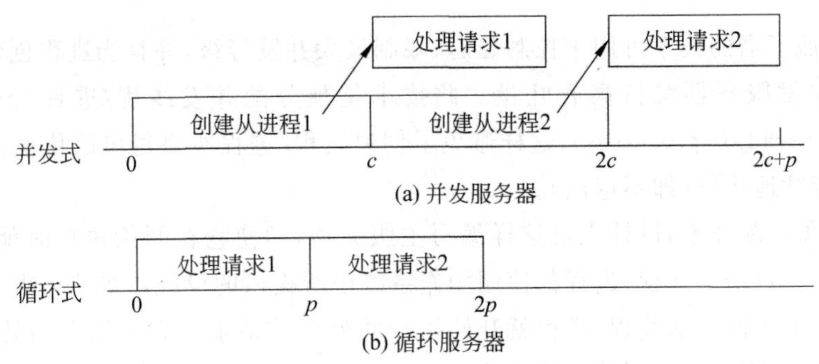

图12-1 在并发服务器和循环服务器中处理两个请求所需的时间

在如图12-1所示的例子中，处理一个请求所需的时间小于创建一个新进程所需的时间。令 p 表示处理时间，令 c 表示创建一个进程所需的时间。假设两个请求在时间0突然到达。并发服务器在 $c+p$ 时间单元后完成第一个请求的处理，并在 $2c+p$ 时间单元后完成第二个请求的处理。因此，它处理每个请求平均需要 $3c/2+p$ 时间单元。一个循环服务器在时间 p 完成对第一个请求的处理，在时间 $2p$ 完成对第二个请求的处理，处理每个请求平均只需 $3p/2$ 时间单元。因此，循环式服务设计比并发式设计显示出较低的时延。

只考虑几个请求时，少许额外的时延可能不太重要。但是，如果考虑服务器在重负荷下的连续运行，时延就可能很重要了。如果许多请求几乎在同一时刻到达，它们就必须等待服务器创建对其进行处理的进程。如果额外的一些请求到来的速率比服务器的处理速率还快，时延将会累积起来。

从短期看，服务器的小时延只影响可观察到的响应时间，而不会影响整体吞吐量。如果多个请求几乎在同一时刻到达，操作系统的协议软件将把它们放入队列，服务器再从队列取出请求进行处理。例如，如果服务器使用一个面向连接的传输，TCP 将使连接请求排队；如果服务器使用一个无连接的传输，UDP 将使到达的数据报排队。

从长远看，额外的时延使请求丢失。要追其究竟，可以想象一个服务器创建一个从进程要花 c 时间单元，但处理一个请求只需 p 时间单元（$p<c$）。一个并发服务器每个时间单元平均处理 $1/c$ 个请求，而一个循环服务器每个时间单元平均可处理 $1/p$ 个请求。

当请求到达的速率超过 $1/c$ 但小于 $1/p$ 时，会出现问题。一个循环服务器能处理这种负荷，但一个并发服务器却花了太多时间来创建进程。在并发服务器中，协议软件中的队列最终会排满，并将开始拒绝再来的请求。

实际上，几乎没有服务器的运行会接近最大吞吐量。而且，当创建一个从进程的开销超过处理请求的开销时，几乎没有设计人员会使用并发服务器。因此，请求的延迟或丢失在许多应用中都不会发生。但是，要把服务器设计成在重负荷下能提供最佳响应，就必须要考虑按需并发的替代方案。

12.8 从线程/进程的预分配

一种直截了当的技术可用于控制延迟、限制最大并发等级，并且当进程创建时间较长时，也能使并发服务器维持高吞吐量。此技术是预分配并发线程/进程（preallocating concurrent thread or processes），这样避免了创建线程/进程所要付出的代价。线程一旦创建，就会持续地运行（即不退出）。

为使用预分配技术，设计人员这样编写主服务器，即使它在开始执行时就创建 N 个从线程/进程。每个从线程/进程都使用操作系统中所提供的设施以等待请求到达。当请求到达后，一个等待的从线程/进程就开始执行并处理该请求。完成请求的处理后，从线程/进程不退出，而是返回到等待请求的那段代码处。

预分配的主要优点是操作系统的额外开销较低。由于服务器不需要在请求到达时创建从线程/进程，它可更快地处理请求。当请求的处理涉及的 I/O 多于计算时，此技术就显得尤其重要。预分配允许服务器系统在等待与前一个请求相关的 I/O 活动时，切换到另一个从线程/进程，并开始处理下一个请求。概括地说：

> 当使用预分配时，服务器在启动时就创建若干个并发的从线程/进程。预分配避免了在每次请求到达时创建进程的开销，因而降低了服务器的时延，同时允许在处理一个请求时，与另一个请求相关联的 I/O 活动也在重叠进行。

尽管预分配可降低进程创建的开销，但却有一个缺点：持续性的问题，程序员必须对资源的使用相当小心。为理解原因,考虑一个在每次到达一个请求时,就分配少量内存的持续运行的从线程/进程。完成该请求的处理后,从线程/进程并不释放内存。尽管问题可能在很长时间后才发生,从线程/进程最终会耗尽地址空间。

12.8.1 Linux 中的预分配

一些支持线程的操作系统,如 Linux,能够使主线程和预分配的从线程之间的交互更容易,因为主线程和从线程可以共享内存。即使当从线程是作为不能共享内存的单独进程来执行时,进程预分配仍是可能的。协调工作依靠于共享的套接字:

> 当一个 UNIX 进程调用 fork 时,新创建的子进程接收了所有打开的描述符的一个副本,包括各套接字所对应的描述符。

为利用套接字共享,主进程在预分配从进程之前将打开必要的套接字。具体地说,在主服务器进程启动时,为熟知端口打开一个套接字,请求将到达该端口。主进程然后调用 fork 创建所需的多个进程。由于每个进程从其父进程继承套接字描述符的副本,所有的从进程都可访问对应熟知端口的套接字。12.9 节将讨论面向连接的和无连接的服务器中进程预分配的细节。

12.8.2 面向连接的服务器中的预分配

如果并发服务器使用 TCP 通信,那么并发等级与活跃的连接数有关。每个传入连接请求必须用一个单独的进程处理。幸运的是,Linux 为那些试图在同一个套接字接受一个连接的多个进程提供了互斥。每个从进程调用 accept,accept 将阻塞而等待接收一个到熟知端口的传入连接请求。当连接请求到达时,系统只会使一个从进程不再阻塞。在从进程中,当 accept 调用返回时,就提供用于该传入连接的新文件描述符。从进程处理连接,关闭新套接字,然后调用 accept 处理下一个请求。图 12-2 给出了进程的结构。该服务器预分配一些从进程。本例显示了 3 个预分配的从进程,其中一个正在处理连接。主进程为熟知端口打开套接字,但不使用该套接字。

如图 12-2 所示,所有的从进程继承了对熟知端口套接字的访问。当各个进程调用 accept 返回时,它接受新套接字以用于这个连接。虽然主进程创建了对应熟知端口的套接字,但它并不使用该套接字进行其他操作。图 12-2 中的虚线表明主进程使用该套接字的方式与从进程的不同。

虽然图 12-2 表明主进程与从进程同时运行,但主进程和从进程之间的区别多少有些模糊。实际上,主进程在预分配从进程后就没有任务了。因此,主进程在从进程启动后就可以简单地退出。聪明的程序员甚至可让主进程创建除最后一个从进程外的所有其他从进程。这样主进程就成为最后一个从进程,从而节省了创建额外进程的开销。在 Linux 中,完成此工作的代码很简单。

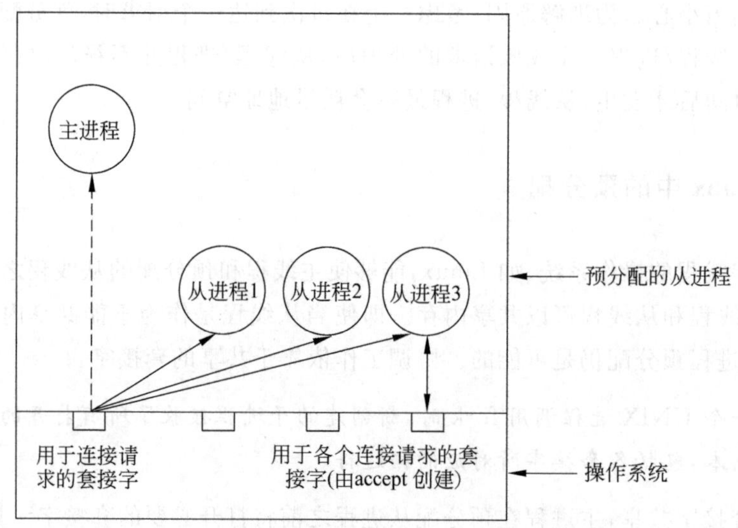

图 12-2 并发的、面向连接的服务器的进程结构

12.8.3 互斥、文件锁定和 accept 并发调用

在 Linux 中,从进程的预分配很容易。因为操作系统能够区分调用 accept(针对某一给定套接字的 accept)的并发进程。更重要的是,Linux 能够有效地处理并发调用。这样,每个预分配的从进程就继承了主进程的套接字描述符,且每个从进程都调用 accept。系统会让所有的从进程保持阻塞状态,一直到有连接到达,然后,只让其中的一个从进程脱离阻塞。

遗憾的是,并不是所有 UNIX 版本都能提供像 Linux 这样的语义。有些 UNIX 版本不允许并发调用 accept:如果有进程调用了某个套接字上的 accept,针对该套接字的后继 accept 调用将返回错误消息。还有些 UNIX 版本虽然允许并发调用,但处理起来效率不高。具体地说,当有新连接到达时,有些操作系统会使调用 accept 的所有进程都脱离阻塞状态,第一个执行的线程会获得这个新连接,而后续的其他进程在执行后发现没有要接纳的连接,从而回到阻塞状态。因此,如果有 K 个进程被阻塞了,就会有 $K-1$ 个进程不必要地消耗资源:每个进程都要进行环境切换,都要使用 CUP,都会发现连接已被接纳,然后返回阻塞状态。

预分配方法可以用于这种不能有效处理并发 accept 的系统吗?答案是可以的。采取的办法不是让各个进程并发调用 accept,而是必须使用一个共享的互斥量 mutex 或文件锁定(file locking,即 flock),以便保证任何时候只有一个从线程能够调用 accept。例如,如果使用互斥量,每个从线程在调用 accept 之前,必须调用 pthread_mutex_lock,在调用完 accept 后,必须再调用 pthread_mutex_unlock。在任何时候,除了某一个从线程之外,所有其他从线程在调用 pthread_mutex_lock 时都会阻塞,没有被阻塞的那个线程得以继续执行,从而调用 accept。一旦从 accept 调用返回,它会调用 pthread_mutex_ unlock,从而允许另一个(只一个)从线程得以继续执行。这样任何时候都只有一个线程调用 accept,系统资源得以有效利用。

12.8.4 无连接的服务器中的预分配

如果一个并发服务器使用无连接的传输,则并发等级取决于到达的请求数。每个传入请求以一个单独的 UDP 数据报形式到达,并且每个请求必须送给一个单独的执行线程。在并发的、无连接的设计方案中,在请求到达时,通常让主服务器创建单独从线程/进程。

Linux 允许无连接的服务器使用面向连接的服务器所采用的预分配策略。图 12-3 给出了并发的、无连接的服务器的进程结构。该服务器预分配一些从线程/进程。图 12-3 给出了三个从线程/进程,它们都从熟知端口对应的套接字上读取数据。只有一个从线程/进程接收传入请求。

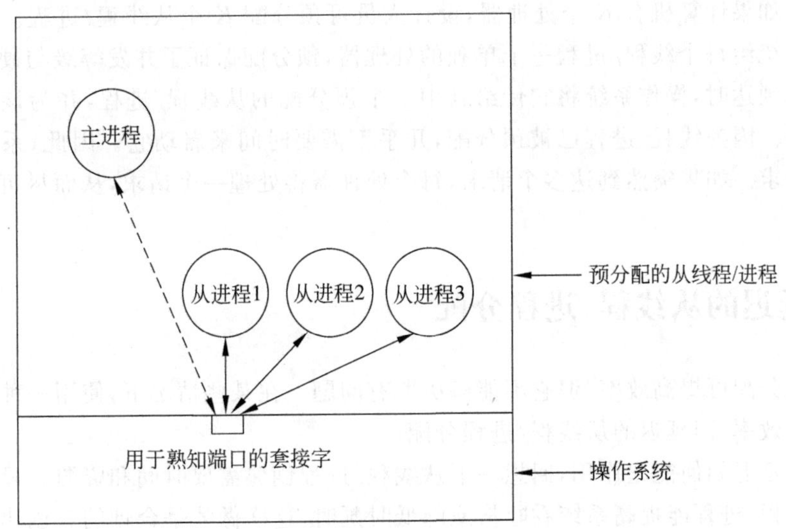

图 12-3 并发的、无连接的服务器的进程结构

如图 12-3 所示,每个从进程继承了熟知端口对应的套接字。由于通信是无连接的,从进程可使用同一个套接字发送响应及接收传入请求。一个从进程调用 recvfrom 获得发送方的地址和从该发送方发来的数据报;调用 sendto 传输应答。

与使用预分配的面向连接的服务器一样,无连接的服务器的主进程在为熟知端口打开套接字并预分配从进程后,就几乎不再做工作了。因此,无连接的服务器的主进程可以退出,或将自己作为最后一个从进程,从而省去了创建最后一个进程的开销。

12.8.5 预分配、突发通信量和 NFS

经验表明,由于大多数的 UDP 实现并不为到达的数据报提供很长的队列,因此突然到达的多个传入请求很容易使队列溢出。UDP 只丢弃队列满了以后到达的数据报,因此突发的通信量可能引起丢失。

由于 UDP 软件通常驻留于操作系统中,因此解决溢出问题特别困难。这样,应用程序员不可能轻易地修改它。但是,应用程序员可预分配从线程/进程。预分配往往足以避免数据报丢失。

许多网络文件系统(network file system,NFS)的实现使用预分配来避免数据报的丢失。如果检查一下运行 NFS 的系统,通常会发现有一组预分配的服务器进程都从同一个 UDP 套接字上读取数据。实际上,预分配意味着 NFS 的可用实现和不可用实现是有区别的。

12.8.6 多处理器上的预分配

多处理器上的预分配有一个特殊目的:允许设计人员使服务器的并发等级与硬件性能相关联。如果计算机有 K 个处理器,设计人员可预分配 K 个从线程/进程。由于多处理器操作系统给每个线程/进程一个单独的处理器,预分配保证了并发等级与硬件是匹配的。当请求到达时,操作系统将它传给其中一个预分配的从线程/进程,并为该进程指定一个处理器。因为线程/进程已被预分配,几乎不需要时间来启动它。因此,系统将会迅速地分发请求。如果突然到达多个请求,每个处理器将处理一个请求,从而尽可能获得最高的速率。

12.9 延迟的从线程/进程分配

虽然预分配可提高效率,但它不能解决所有问题。在某些情况下,使用一种相反的方法却能提高效率,即延迟的从线程/进程分配。

要理解延迟如何能起作用,回想一下从线程/进程创建需要时间和资源。只有当创建额外的从线程/进程能提高系统吞吐量或降低时延时,这样做才是合理的。创建一个从线程/进程不仅花时间,也为管理从线程/进程的操作系统部件带来额外开销。另外,预分配多个试图接收传入请求的从线程/进程可能会给网络代码增添额外开销。

前面讲过,如果创建一个从线程/进程的开销少于一个请求的开销,那么并发会降低时延。如果处理请求的开销较小,那么循环方案最佳。但是,所需的时间可能与请求有关(例如,搜索一个数据库所需的时间与查询有关),因此,程序员不是总能知道怎样来比较这些开销。

另外,程序员可能不知道是否能迅速找到差错。要理解其原因,考虑一下大多数服务器软件是如何工作的。当请求到达时,服务器软件检查此报文,以验证报文各字段的值是否合法,并且验证客户是否被授权发出请求。验证可能花几微秒,或者它可能引发进一步的网络通信,从而多花几个数量级的执行时间。一方面,如果服务器检测到报文中有差错,将迅速拒绝请求,使得处理此报文所需的全部时间足可忽略。另一方面,如果服务器收到一个有效的请求,它就可能消耗很可观的处理时间。在处理时间短的情况下,并发处理不会得到认可：一个循环服务器将表现出更低的时延和更高的吞吐量。

若设计人员不知道采用并发处理是否合理，他们如何优化时延和吞吐量呢？答案是采用一种延迟的从线程/进程分配(delayed slave thread or process allocation)技术。其思想直截了当：该方法不是选用一个循环的或并发的设计，而是允许服务器测量处理的开销，然后动态地选用循环处理或并发处理。因为在处理不同的请求时选择可以不同。

为实现动态的、延迟的分配，服务器经常通过测量逝去的时间来估计处理开销。主服务器接收请求，设置计时器，接着便开始循环地处理请求；如果在计时器到期前，服务器已完成处理请求，服务器将取消计时器。如果在服务器完成处理请求前，计时器就到期了，服务器将创建一个从进程，并让从进程处理请求。总之：

> 当使用延迟的从线程/进程分配时，服务器将开始循环地处理每个请求。仅当处理要花大块时间时，服务器才创建一个并发的从线程/进程来处理该请求。这种时延允许主服务器在创建一个进程或切换环境前，先检查有无差错并处理一些短的请求。

在 Linux 中，延迟分配从线程/进程不难。由于 Linux 含有一个告警(alarm)机制，主线程可设置一个计时器，并设法在计时器到期时执行一个过程。由于 Linux 的 fork 函数允许一个新创建的进程从父进程处继承打开的套接字，以及执行程序和数据的副本，主进程可创建一个从进程，该从进程恰好从主进程超时所执行代码处继续进行处理。

12.10 两种技术统一的基础

预分配和延迟分配从线程/进程似乎没有共同之处。实际上，它们似乎是完全相反的。但是，由于它们是基于同一概念上的原理：将请求到达至从线程/进程创建之间的间隔扩大，就可能提高某些并发服务器的性能。因而这两种技术又有很多共同的地方。预分配从线程/进程提高了在请求到达前服务器的并发等级；延迟分配线程/进程提高了在请求到达后服务器的并发等级。此观点可归纳如下：

> 预分配和延迟分配基于同一原理，即通过把服务器的并发等级从当前活跃的请求数目中分离出来，设计人员可获得灵活性并提高服务器效率。

12.11 技术的结合

延迟分配和预分配的技术可结合使用。服务器一开始可以没有预分配的从线程/进程，并可使用延迟分配。等待请求到达，并且若处理花了很长时间(即计时器到期)，就只创建一个从线程/进程。但是，一旦创建了从线程/进程，该从线程/进程不必立刻退出；从线程/进程可认为自己是永久分配的，并继续运行。处理完一个请求后，从线程/进程可等待下一个请求到达。

技术结合的系统的最大问题是需要对并发性进行控制。何时应创建新增的从线程/进程是很容易知道的，但从线程/进程何时应退出而不是继续运行就很难知道了。一种可能的方案是设法让主线程/进程在创建一个从线程/进程时，指明其最大增长值 M。从线程/进程可创建至多 M 个从线程/进程，这些从线程/进程还可创建零个或多个线程/进程。因此，系统开始时只有一个主线程，但最终会到达固定的并发等级最大值。另一种控制并发的技术是设法让一段时期内不活跃的从线程/进程退出。从线程/进程在等待下一个请求前启动计时器。如果在请求到达前计时器到期，从线程/进程就退出。

如果各个线程处于一个进程中，这些从线程可使用共享内存等设施来协调其活动。它们可存储一个共享的整数用来记录任一时刻的并发等级，并且可使用该整数的值来决定在处理请求后是退出还是继续。在某些系统中，若允许应用找出在某个套接字上排队的请求数，从线程/进程也可使用该队列长度来帮助确定并发等级。

12.12 小结

有两种主要的技术能使设计人员提高并发服务器的性能：预分配和延迟分配从线程/进程。

预分配是设法在需要从线程/进程之前就先创建好，从而优化延迟。主服务器为所要使用的熟知端口打开一个套接字，然后预分配所有的从线程/进程。因为从线程/进程继承了对该套接字的访问，它们都可以等待某个请求的到来。系统将每个收到的请求交给其中的某个从线程/进程。预分配对于并发的、无连接的服务器很重要，因为处理一个请求的所需时间通常较短，这使得创建线程/进程的开销相对很大。预分配方案也使得在多处理器上的并发、无连接设计方案效率提高。

延迟分配使用一种缓慢的方法处理分配。主服务器一开始循环地处理每个请求，但设置一个计时器。如果主线程/进程完成处理前计时器到期，就创建一个并发的从线程/进程来处理请求。在各个请求的处理时间不同的情况下，或者当服务器必须检查一个请求是否正确时(即验证客户是否被授权)，延迟分配都可以很好地工作。对于短的或含有差错的请求，延迟分配消除了额外开销。

虽然这两种优化技术看起来是对立的，但它们都基于同一种基本原理：减缓了服务器并发等级与挂起请求数之间的严格一致性，提高服务器的性能。

NFS 的许多实现使用预分配，这有助于避免请求的丢失。请参考 NFS 实现的相关文献。

习题

12.1 使用预分配来修改前几章的一个服务器的例子，其性能会如何变化?

12.2 使用延迟分配来修改前几章的一个服务器的例子，其性能会如何变化?

12.3 测试在多处理器上使用预分配技术的无连接的服务器。要设法让客户发送多个突发的请求。使用的并发等级是如何与处理器数相关的? 如果这两个数不同，解释原因。

12.4 试编写结合使用延迟分配和预分配的服务器算法。如何限制最大并发等级?

12.5 在 12.4 题中，如果操作系统提供了消息传递机制，如何使用它来控制并发等级？

12.6 把本章所讨论的技术应用于采用单执行线程、提供表面并发性的服务器，可从中获得什么优点？

12.7 设计人员如何将本章讨论的技术用于多服务服务器？

12.8 构建并测量以下三种采用预分配从进程方法的服务器：第一种允许从进程并发调用 accept；第二种利用共享互斥量保证任何时候只有一个从进程执行 accept；第三种使用 flock。哪种方法最快？当从进程数增加时，结论会改变吗？

第 13 章　客户软件并发设计

13.1　引言

前几章说明了服务器如何并发处理请求。本章将研究客户软件中的并发问题，讨论客户如何从并发中受益，以及并发的客户如何运行。最后，本章将展示一个说明并发运行的客户例子。

13.2　并发的优点

服务器使用并发有两个主要的原因：

- 并发可改善观察到的响应时间，从而改善所有客户的总吞吐量；
- 并发可排除潜在的死锁。

另外，并发实现使得设计人员易于创建多协议或多服务服务器。最后，使用多进程实现并发非常灵活，因为这样就可在多种硬件平台上很好地运行。把并发实现移植到只有一个处理器的计算机上时，它们可正常运行。当把并发实现移植到具有多个处理器的计算机时，工作效率会更高，因为它们充分利用了额外的处理能力而不须改变代码。

由于客户通常在一个时刻只进行一种活动，因而它似乎不能从并发中受益。客户一旦向服务器发送一个请求，在收到响应之前并不能进行其他活动。此外，客户的效率和死锁问题不如服务器那样严重，因为如果一个客户延缓或停止执行，只有一个客户受到影响，而其他客户将继续运行。

尽管表面上如此，但客户中的并发确实有优点：第一，并发实现更容易编程，因为功能已被划分为概念上能分开的一些部分；第二，并发实现更易于维护和扩展，因为这使得代码模块化了；第三，并发客户可在同一时刻联系几个服务器，或者比较响应时间，或者合并服务器返回的结果；第四，并发允许用户改变参数、查询客户状态或动态地控制处理。本章将着重讨论客户同时与多个服务器进行交互的概念。总结如下：

> 在客户中使用并发的最主要的优点在于异步性。异步性允许客户同时处理多个请求，且不严格规定其执行顺序。

13.3　运用控制的动机

如下情况可能需要使用异步，即需要将控制功能与正常处理分开时。例如，使用一个客户查询大型的人口统计数据库。假设用户可能生成了如下式样的查询：

```
Find all people who live on Elm Street.
```

如果数据库只含有一个城市的信息，响应可能包括不到100个名字。但是，如果数据库包含一个国家所有人的信息，响应可能含有数十万个名字。此外，如果数据库系统由分布在很大地理范围内的许多服务器组成，查找可能要花许多分钟。

数据库的例子说明了关于许多客户-服务器交互的重要概念：调用客户的用户对于要经过多长时间才能收到响应或响应究竟有多少，可能知之甚少，或者根本不知道。

大多数客户软件仅仅等待响应到达。当然，如果服务器发生故障或死锁，客户将阻塞在那里，试图等待一个永不会到达的响应。遗憾的是，由于网络时延很大或服务器超负荷，用户不可能知道是真发生了死锁，还是处理很慢。此外，用户不知道客户是否已从服务器收到一些报文。

如果用户不耐烦了，或者判断出一个特定的响应需要太多时间，也只有一种选择：放弃客户程序，以后再重试。在这种情况下，并发是很有帮助的，因为一个适当设计的并发客户可使得用户在客户等待响应时，继续与该客户交互。用户可发现是否已收到了一些数据，并选择是发送一个不同的请求，还是从容地终止通信。

我们可以将上面描述的人口统计数据库作为例子来考虑。并发实现可在进行数据库查询的同时，从用户的键盘或鼠标读取和处理命令。因此，用户可打开菜单，选择一个像status这样的命令，以判断客户是否已成功打开了到某个服务器的连接，并且是否已发送了请求。用户可选择abort停止通信，或者选择newserver命令客户终止现有通信，并尝试与另一个服务器通信。

将客户的控制与正常处理分开，允许用户与客户交互，即使客户使用文件作为它的正常输入时也能如此。这样，甚至在用户启动了一个客户，让它处理一个很大的输入文件后，用户仍可与正运行的客户程序交互，以便弄清处理进展得如何。与此类似，并发客户在保持与用户单独交互时，还可将一些响应放入输出文件中。

13.4 与多个服务器的并发联系

并发能使单个客户同时联系几个服务器，而且只要从任何服务器收到响应就向用户报告。例如，TIME服务的并发客户可发送请求给多个服务器，并可接收第一个到达的响应或取几个响应的平均值。

考虑使用ECHO服务的客户，该客户负责测量到指定目的地的吞吐量。假定客户建立了到某个ECHO服务器的TCP连接，发送大量数据，读取返回的响应，计算该任务所需的所有时间，并每秒报告一次表示成字节数的吞吐量。用户可调用这种客户判断当前网络的吞吐量。

现在考虑并发如何能提高这种利用ECHO来测量吞吐量的客户的性能。并发客户不是在同一时间只测量一个连接，而是可在同一时刻访问多个目的地。同时，可并发地给任何一个目的地发请求，并读取返回的响应。由于并发地完成所有测量，因此比非并发的客户运行得更快。此外，由于它同时进行所有的测量，CPU和本地网络上的负载对其影响是相同的。

13.5 实现并发客户

与并发服务器类似，大多数客户实现遵从以下两个基本方法之一：

- 客户分为两个或多个执行线程，每个线程处理一个功能；
- 客户只含一个线程，使用 select 异步地处理多个输入和输出事件。

对于像 Linux 这样的系统，因为允许一个进程中的多个线程共享内存，这样就使多线程实现能很好地运行。图 13-1 给出了在这种系统中，如何使用多线程并发的方法支持面向连接的应用协议。

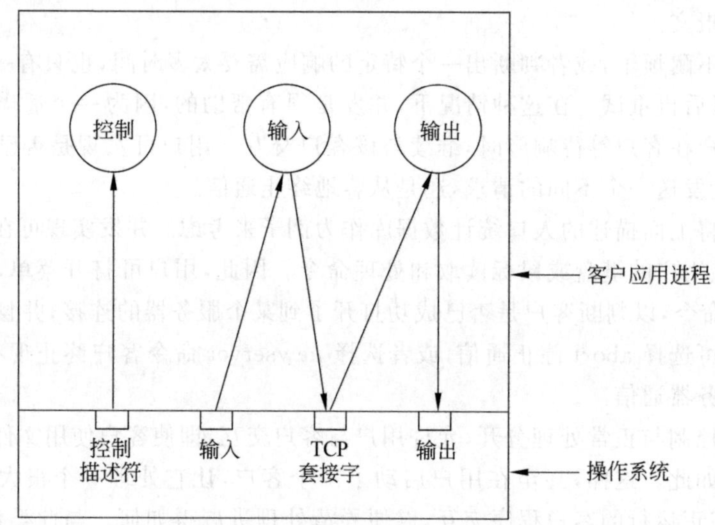

图 13-1　面向连接的客户的进程结构

如图 13-1 所示，多线程允许客户把输入和输出处理分开。该图表示线程如何与若干文件描述符及一个套接字描述符交互。一个输入线程(input thread)从标准输入读数据，形成请求，并通过 TCP 连接发送给服务器；而一个独立的输出线程(output thread)从服务器接收响应，并写入到标准输出；同时，第三个控制线程(control thread)从控制处理的用户那里接受命令。

13.6 单线程实现

如果系统不支持共享内存，或者在不希望创建线程的场合，客户可以采用单线程算法实现并发，此算法类似算法 7-5 和第 7 章的编程例子。图 13-2 给出了单线程的、面向连接的客户的进程结构，能提供表面上的并发。客户使用 select 并发处理多个连接。

单线程的客户像单线程的服务器一样，使用异步 I/O。客户为到多个服务器的连接创建套接字描述符，还可以有一个或多个用于获得键盘或鼠标输入的描述符。客户程序的主体含有一个循环，该循环使用 select 等待其中任何一个描述符准备就绪。如果输入

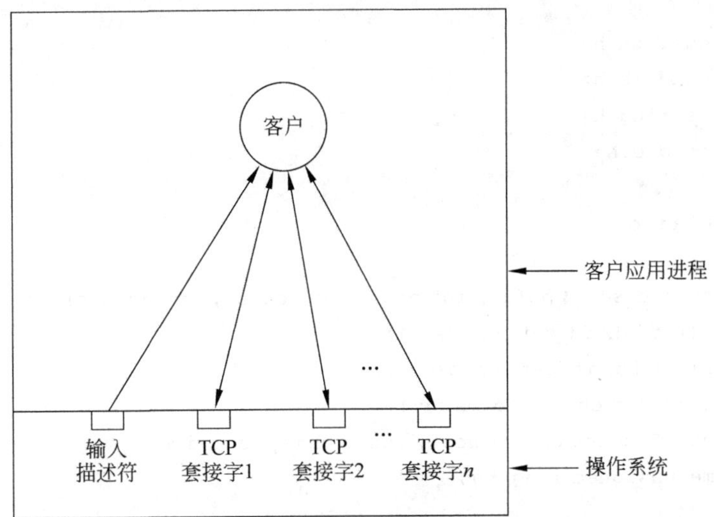

图 13-2 单线程的、面向连接的客户进程结构

描述符已准备就绪，客户就读取输入，并且可以将输入存储起来以后再用，也可以立刻开始处理输入；如果 TCP 连接输出就绪，客户就在此 TCP 连接上准备和发送请求。如果 TCP 连接输入就绪，客户就读取这个服务器发出的响应并加以处理。

当然，单线程的并发客户与单线程的服务器有许多共同的优点和缺点。客户读取输入或读取来自服务器的响应，是按产生这些数据的速率进行的。即使服务器延迟了一小段时间，本地的处理仍继续进行。因此，即使服务器出故障不能响应，客户仍会继续读取和执行控制命令。

如果单线程的客户调用会阻塞系统功能，它可能转为死锁状态。因此，程序员必须注意确保客户不会无限期地阻塞：在那里等待不会发生的事件。当然，程序员可能选择这样的方法：忽略某些情况，并允许用户检测已发生的死锁问题。重要的是，程序员应了解许多微小细节，并为每种情况做出有意识的决策。

13.7 使用 ECHO 的并发客户的例子

一个用单线程完成并发的客户例子可阐明上述概念。在如下文件 TCPtecho.c 中展示了并发客户的例子，它使用第 7 章描述的 ECHO 服务来测量一组计算机的网络吞吐量。

```
/* TCPtecho.c—main, TCPtecho, reader, writer, mstime */

#include <sys/types.h>
#include <sys/param.h>
#include <sys/ioctl.h>
#include <sys/time.h>
#include <sys/socket.h>
```

```
#include <unistd.h>
#include <stdlib.h>
#include <string.h>
#include <stdio.h>

extern int errno;

int TCPtecho(fd_set *pafds, int nfds, int ccount, int hcount);
int reader(int fd, fd_set *pfdset);
int writer(int fd, fd_set *pfdset);
int errexit(const char *format…);
int connectTCP(const char *host, const char *service);
long mstime(unsigned long *);

#define  BUFSIZE    4096          /* write buffer size */
#define  CCOUNT     64*1024       /* default character count */

#define  USAGE    "usage: TCPtecho [-c count ] host1 host2…\n"

char *hname[NOFILE];              /* fd to host name mapping */
int   rc[NOFILE], wc[NOFILE];     /* read/write character counts */
char   buf[BUFSIZE];              /* read/write data buffer */

/*------------------------------------------------------------------------
 * main—concurrent TCP client for ECHO service timing
 *------------------------------------------------------------------------
 */
int
main(int argc, char *argv[])
{
    int ccount=CCOUNT;
    int i, hcount, maxfd, fd;
    int one=1;
    fd_set afds;

    hcount=0;
    maxfd=-1;
    for(i=1; i<argc;++i) {
        if(strcmp(argv[i],"-c")==0) {
            if(++i<argc && (ccount=atoi(argv[i])))
                continue;
            errexit(USAGE);
        }
```

```
        /* else, a host */

        fd=connectTCP(argv[i],"echo");
        if(ioctl(fd, FIONBIO, (char *)&one))
            errexit("can't mark socket nonblocking: %s\n",
                strerror(errno));
        if(fd>maxfd)
            maxfd=fd;
        hname[fd]=argv[i];
        ++hcount;
        FD_SET(fd, &afds);
    }
    TCPtecho(&afds, maxfd+1, ccount, hcount);
    exit(0);
}

/*------------------------------------------------------------
 * TCPtecho—time TCP ECHO requests to multiple servers
 *------------------------------------------------------------
 */
int
TCPtecho(fd_set *pafds, int nfds, int ccount, int hcount)
{
    fd_set rfds, wfds;                  /* read/write fd sets */
    fd_set rcfds, wcfds;                /* read/write fd sets (copy) */
    int fd, i;

    for(i=0; i<BUFSIZE;++i)             /* echo data */
        buf[i]='D';
    memcpy(&rcfds, pafds, sizeof(rcfds));
    memcpy(&wcfds, pafds, sizeof(wcfds));
    for(fd=0; fd<nfds;++fd)
        rc[fd]=wc[fd]=ccount;

    (void) mstime((unsigned long *)0);  /* set the epoch */

    while(hcount) {
        memcpy(&rfds, &rcfds, sizeof(rfds));
        memcpy(&wfds, &wcfds, sizeof(wfds));

        if(select(nfds, &rfds, &wfds, (fd_set *)0,
                (struct timeval *)0)<0)
            errexit("select failed: %s\n", strerror(errno));
        for(fd=0; fd<nfds;++fd) {
```

```
            if(FD_ISSET(fd, &rfds))
                if(reader(fd, &rcfds)==0)
                    hcount--;
            if(FD_ISSET(fd, &wfds))
                writer(fd, &wcfds);
        }
    }
}

/*------------------------------------------------------------------------
 * reader—handle ECHO reads
 *------------------------------------------------------------------------
 */
int
reader(int fd, fd_set *pfdset)
{
    unsigned long now;
    int cc;

    cc=read(fd, buf, sizeof(buf));
    if(cc<0)
        errexit("read: %s\n", strerror(errno));
    if(cc==0)
        errexit("read: premature end of file\n");
    rc[fd] -=cc;
    if(rc[fd])
        return 1;
    (void) mstime(&now);
    printf("%s: %d ms\n", hname[fd], now);
    (void) close(fd);
    FD_CLR(fd, pfdset);
    return 0;
}

/*------------------------------------------------------------------------
 * writer—handle ECHO writes
 *------------------------------------------------------------------------
 */
int
writer(int fd, fd_set *pfdset)
{
    int cc;

    cc=write(fd, buf, MIN((int)sizeof(buf), wc[fd]));
```

```
    if(cc<0)
        errexit("read: %s\n", strerror(errno));
    wc[fd] -=cc;
    if(wc[fd]==0) {
        (void) shutdown(fd, 1);
        FD_CLR(fd, pfdset);
    }
}

/*------------------------------------------------------------------------
 * mstime—report the number of milliseconds elapsed
 *------------------------------------------------------------------------
 */
long
mstime(unsigned long *pms)
{
    static struct timeval epoch;
    struct timeval now;

    if(gettimeofday(&now, (struct timezone *)0))
        errexit("gettimeofday: %s\n", strerror(errno));
    if(! pms) {
        epoch=now;
        return 0;
    }
    *pms=(now.tv_sec-epoch.tv_sec) * 1000;
    *pms+=(now.tv_usec-epoch.tv_usec+500)/1000;
    return *pms;
}
```

13.8 并发客户的执行

TCPtecho 接受多台计算机名作为参数。对每台计算机，它打开一个到该计算机上 ECHO 服务器的 TCP 连接，通过该连接发送 ccount 个字符(字节)，读取从每个服务器上收到的返回字节，并打印完成任务所需的全部时间。因此，TCPtecho 可用于测量到一组计算机的当前吞吐量。

TCPtecho 开始将字符计数变量初始化为默认值 CCOUNT。然后分析其参数，查看用户是否输入了-c 选项。如果输入了，TCPtecho 就将该指明的计数变量转换为一个整数，并将它存入 ccount 变量从而取代默认值。

TCPtecho 假定除-c 标志外的所有参数指明了一个计算机名。对于每个这样的参数，调用 connectTCP 形成到使用该名字的计算机上的 ECHO 服务器的一个 TCP 连接。

TCPtecho 在 hname 数组中记录计算机名，并调用 FD_SET 宏设置文件描述符掩码中该套接字对应的位。它还在 maxfd 中记录最大描述符数（调用 select 所需要的）。

一旦为参数指明的每台计算机建立了 TCP 连接，主程序就调用过程 TCPtecho 处理数据的传输和接收。TCPtecho 并发处理所有的连接。它用要发送的数据（字母 D）填充 buf 缓存，然后调用 select 等待任何一个 TCP 连接输入或输出就绪。当 select 调用返回时，TCPtecho 遍历所有描述符以查看哪个就绪了。

当一个连接输出就绪时，TCPtecho 就调用过程 writer，writer 发送缓存中的数据，只要 TCP 在单个 write 调用中能接收，它便尽量将缓存中的数据发送出去。如果 writer 发现整个缓存都已发送完毕，它就调用 shutdown 关闭这个用于输出的描述符，并从 select 所用的一组输出中删除该描述符。

当一个描述符输入就绪时，TCPtecho 就调用过程 reader，reader 尽量从连接上接收数据，TCP 能交付多少，它就读多少，并把这些数据放在缓存中。过程 reader 将读取的数据放入缓存，并减少剩余字符的计数，如果计数减到零（即服务器已收到的数据与被发出的一样多），过程 reader 就计算从开始传送数据以来所逝去的时间，打印一个报文，并关闭连接。它还从 select 所用的一组输入中删除该描述符。因此，每当一个连接完成后，报告数据回显所需时间的消息就出现在输出上。

在一个连接上完成单个输入或输出操作后，过程 reader 和 writer 都将返回，并接着在 TCPtecho 中再次调用 select，继续进行循环。如果 reader 检测到文件结束的条件就返回 0，并关闭连接，反之则返回 1。TCPtecho 使用 reader 的返回码来确定它是否应减少活动连接的数值。当连接数减到 0 时，TCPtecho 中的循环将终止，TCPtecho 将返回主程序，于是，客户便退出。

图 13-3 给出了 TCPtecho 的三次单独执行产生的输出样本。如果某台计算机距离客户更远，或其处理器速率更慢，则该计算机将需要更多时间。第一次调用表明 TCPtecho 只需要 311ms 就能把数据发送给本地计算机上的 ECHO 服务器。命令行只有一个参数 localhost。由于第二次调用有三个参数（ector、arthur 和 merlin），它使得 TCPtecho 并发地与三台计算机交互。第三次调用测量到计算机 sage 所需的时间，但命令行指明 TCPtecho 只发送 1000 个字符，而不是默认的 64K 字符。

```
%TCPtecho localhost
localhost: 311 ms
%TCPtecho ector arthur merlin
arthur: 601 ms
merlin: 4921 ms
ector: 11 791 ms
%TCPtecho -C 1000 sage
sage: 80 ms
```

图 13-3　三次单独执行 TCPtecho 的输出样本

13.9 例子代码中的并发性

TCPtecho 的一个并发实现从两方面改善了程序。首先,并发实现测量了同一时间间隔内所有连接的吞吐量,因而它可获得对每个连接所需时间更精确的测量。首先,拥塞会同等地影响所有的连接。其次,并发实现使得 TCPtecho 对用户更具吸引力。要理解其原因,可以再次观察第二个输出样本中报告的时间。计算机 arthur 的报文在 0.5s 后出现。计算机 merlin 的报文大约过 5s 后出现,而最后一台计算机 ector 的报文大约过 12s 后出现。如果用户必须等待所有测试顺序运行,则整个执行将需要大约 18s。当测试的计算机远在 Internet 上时,各个时间可能需要更长,这就使得并发版本显得快得多。在很多情况下,使用顺序的客户实现测量 N 台计算机,可能要比一个并发版本多花将近 N 倍的时间。

13.10 小结

并发执行是一个强有力的工具,可用于客户和服务器中。并发客户实现可提供更快的响应时间,并可避免死锁问题。另外,并发可帮助程序员将控制和状态处理从正常的输入和输出处理中分离出来。

本章研究了面向连接的客户的一个例子,它测量访问一台或多台计算机上的 ECHO 服务器所需的时间。由于客户并发地执行,它通过在同一时间间隔内进行所有的测量工作,避免了网络拥塞引起的不同吞吐量。由于并发实现将多个测量时间相重叠,而不是让用户等待所有测量顺序执行,因此,并发实现对用户也很有吸引力。

习题

13.1 注意客户例子是顺序检查就绪的文件描述符。如果许多描述符同时就绪,客户将首先处理最低数字的描述符,然后依次处理其他描述符。处理完所有就绪的描述符后,它将再次调用 select,在另外有描述符就绪前将一直等待。考虑在处理一个就绪的描述符与调用 select 之间所逝去的时间。对数字大的描述符操作后逝去的时间,比对数字小的描述符操作后逝去的时间少。这种区别会导致资源缺乏(starvation)吗？试解释。

13.2 修改客户例子,避免 13.1 题中讨论的不公平。

13.3 对本章讨论的各个循环和并发客户设计方案,试写出使用套接字的最大数量的表达式。

附录 A 系统调用与套接字使用的库例程

引言

在 Linux 中，通信是以套接字抽象为核心进行的。应用程序使用一组套接字系统调用与操作系统中的 TCP/IP 软件通信。客户应用程序创建套接字，将它连接到远程计算机上的服务器，并使用它向远程计算机传送数据或从远程计算机接收数据。最后，当客户应用使用完套接字后，就把它关闭。服务器创建套接字，将它绑定到本地计算机上的熟知协议端口，并等待客户与之联系。

在本附录中，将逐一描述那些程序员在编写客户或服务器应用程序时所使用的系统调用或库例程函数，它们是按字母表顺序排列的，每一页描述一个函数。所列出的函数包括 accept、bind、close、connect、fork、gethostbyaddr、gethostbyname、gethostid、gethostname、getpeername、getprotobyname、getservbyname、getsockname、getsockopt、gettimeofday、listen、read、recv、recvfrom、recvmsg、select、send、sendmsg、sendto、sethostid、setsockopt、shutdown、socket 和 write。

其他版本的 UNIX 也有本附录列出的这些函数。例如，如果套接字标记为非阻塞的，但有关调用却将阻塞时，就会发生错误。早期的 UNIX 版本用符号常量 EWOULDBLOCK 表示该错误；而在 Linux 中，则用符号常量 EAGAIN 表示同样的错误(强调稍后调用同样的函数可能会成功)。为了获得向后兼容性，Linux 把常量 EWOULDBLOCK 的值定义成与 EAGAIN 相同。

accept 系统调用

用法

```
retcode=accept(socket, addr, addrlen);
```

说明

服务器调用 socket 创建套接字，用 bind 指明本地 IP 地址和协议端口号，然后用 listen 使套接字处于被动状态(passive)，并设置连接请求队列的长度。accept 从队列中取走下一个连接请求(或一直在那里等待下一个连接请求到达)，为请求创建新套接字，并返回新套接字描述符。accept 只用于流套接字(例如，TCP 套接字)。

参数

参 数	类 型	含 义
socket	int	由 socket 函数创建的套接字描述符
addr	&sockaddr	地址结构的指针。accept 在该结构中填入远程计算机的 IP 地址和协议端口号
addrlen	&int	整数指针，初始指明为参数 sockaddr 的大小，当调用返回时，指明为存储在 addr 中的字节数

返回码

accept 成功时返回非负套接字描述符，在发生差错时返回－1。当发生差错时，全局变量 errno 含有如下值之一：

errno 的值	差 错 原 因
EBADF	参数 socket 未指明合法的描述符
ENOTSOCK	参数 socket 未指明套接字描述符
EOPNOTSUPP	套接字类型不是 SOCK_STREAM
EFAULT	参数 addr 中的指针非法
EAGAIN	套接字被标记为非阻塞的，且没有正等待的连接（即该调用将阻塞，调用者可以稍后再试）
EPERM	防火墙规则禁止连接
ENOBUFS	没有足够的缓存
ENOMEM	没有足够的存储器

bind 系统调用

用法

```
retcode=bind(socket, localaddr, addrlen);
```

说明

bind 为套接字指明本地 IP 地址和协议端口号。bind 主要由服务器使用，它需要指明熟知的协议端口。

参数

参 数	类 型	含 义
socket	int	由 socket 函数创建的套接字描述符
localaddr	&sockaddr	地址结构，指明 IP 地址和协议端口号，addrlenint 地址节后的字节数大小
addrlen	int	以字节为单位的地址结构大小

第 5 章含有 sockaddr 结构的描述。

返回码

bind 若成功就返回 0，返回－1 就表示发生了差错。当差错发生时，全局变量 errno 含有代码，它指明差错的原因。

errno 的值	差 错 原 因
EBADF	参数 socket 未指明合法的描述符
ENOTSOCK	参数 socket 未指明套接字描述符
EADDRNOTAVAIL	指明的地址不可用（例如，IP 地址与本地接口不匹配）

续表

errno 的值	差 错 原 因
EADDRINUSE	指明的地址正在使用(例如,另一个进程已分配了协议端口)
EINVAL	套接字已绑定到一个地址上
EACCES	不允许应用程序使用指明的地址
EFAULT	参数 localaddr 中的指针无效
EROFS	套接字索引节点应驻留在只读文件系统上
ENAMETOOLONG	Localaddr 太长
ENOENT	文件不存在
ENOMEM	没有足够的内核存储器
ENOTDIR	路径前缀的某个部分,不是目录
ELOOP	遇到太多的符号链

close 系统调用

用法

```
retcode=close(socket);
```

说明

应用程序使用完一个套接字后调用 close。close 从容地终止通信,并删除套接字。任何正在套接字上等待被读取的数据都将被丢弃。

实际上,Linux 实现了引用计数机制(reference count mechanism),允许多个进程共享一个套接字。如果 n 个进程共享一个套接字,引用计数将为 n。close 每被进程调用一次,就将引用计数减 1。一旦引用计数减到零(即所有进程都已调用了 close),套接字将被释放。

参数

参　数	类　型	含　义
socket	int	将被关闭的套接字描述符

返回码

close 若成功就返回 0,返回 −1 表示发生了差错。当差错发生时,全局变量 errno 将含有以下值:

errno 的值	差 错 原 因
EBADF	参数 socket 未指明合法的描述符

connect 系统调用

用法

```
retcode=connect (socket, addr, addrlen);
```

说明

connect 允许调用者为先前创建的套接字指明远程端点的地址。如果套接字使用 TCP，connect 就使用三次握手建立连接；如果套接字使用 UDP，connect 仅指明远程端点，但不向它传送任何数据报。

参数

参　数	类　　型	含　　义
socket	int	由 socket 函数创建的套接字描述符
addr	&socketaddr_in	远程计算机端点地址
addrlen	int	参数 addr 的长度

返回码

connect 若成功就返回 0，返回 −1 表示发生了差错。当差错发生时，全局变量 errno 含有如下值之一：

errno 的值	差 错 原 因
EBADF	参数 socket 未指明合法的描述符
ENOTSOCK	参数 socket 未指明套接字描述符
EAFNOSUPPORT	远程端点指明的地址族不能与这种类型的套接字一起使用
EADDRNOTAVAIL	指明的地址不可用
EISCONN	套接字已被连接
ETIMEDOUT	(只用于 TCP)协议因未成功建立连接而超时
ECONNREFUSED	(只用于 TCP)连接被远程计算机拒绝
ENETUNREACH	(只用于 TCP)网络当前不可达
EADDRINUSE	指明的地址正在使用
EINPROGRESS	(只用于 TCP)套接字是非阻塞的，且连接尝试将被阻塞
EALREADY	(只用于 TCP)套接字是非阻塞的，且调用将等待前一个连接尝试完成
EFAULT	套接字结构地址非法
EACCES	用户试图连接到广播地址，但套接字的广播标记未使能

fork 系统调用

用法

```
retcode=fork();
```

说明

虽然 fork 并不与通信套接字直接相关，但是由于服务器使用 fork 创建并发的进程，因此它很重要。fork 创建一个新进程，执行与原进程相同的代码。两个进程共享在调用 fork 时已打开的所有套接字和文件描述符。两个进程有不同的进程标识符和不同的父进程标识符。

参数

fork 不带任何参数。

返回码

如果成功 fork 就给子进程返回 0，并给原进程返回新建进程的标识符（非零）；如果 fork 返回－1 表示发生了差错。当差错发生时，全局变量 errno 中含有如下值之一：

errno 的值	差 错 原 因
EAGAIN	已达到了系统限制的进程总数，或已达到了对每个用户的进程限制
ENOMEM	系统没有足够的内存用于新进程

gethostbyaddr 库调用

用法

```
retcode=gethostbyaddr(addr,alen,atype);
```

说明

gethostbyaddr 搜索关于某个给定 IP 地址的主机的信息。

参数

参 数	类 型	含 义
addr	&char	指向数组的指针，该数组含有一个主机地址（例如，IP 地址）
alen	int	整数，给出地址长度（IP 地址长度为 4）
atype	int	整数，给出地址类型（IP 地址的类型为 AP_INET）

返回码

gethostbyaddr 如果成功返回 hostent 结构的指针，如果发生差错则返回 0。hostent 结构声明如下：

```
struct hostent{                    /* 主机项 */
    char *h_name;                  /* 正式主机名 */
    char *h_aliases[];             /* 其他别名列表 */
    int   h_addrtype;              /* 主机地址类型 */
```

```
    int   h_length;            /* 主机地址长度 */
    int   **h_addr_list;       /* 主机地址列表 */
};
```

当发生差错时,全局变量 h_errno 含有如下值之一:

h_errno 的值	差错原因
HOST_NOT_FOUND	不知道所指明的名字
TRY_AGAIN	暂时差错,本地服务器现在不能与授权机构联系
NO_RECOVERY	发生了无法恢复的差错
NO_ADDRESS	指明的名字有效,但它无法与某个 IP 地址对应
NO_DATA	指明的名字有效,但它无法与某个 IP 地址对应

gethostbyname 库调用

用法

```
retcode=gethostbyname(name);
```

说明

gethostbyname 将主机名映射为 IP 地址。

参数

参数	类型	含义
name	&char	含有主机名的字符串的地址

返回码

gethostbyname 如果成功就返回 hostent 结构的指针,如发生差错则返回 0。hostent 结构声明如下:

```
struct hostent{                  /* 主机项 */
    char * h_name;               /* 正式主机名 */
    char * h_aliases[ ];         /* 其他别名列表 */
    int h_addrtype;              /* 主机地址类型 */
    int h_length;                /* 主机地址长度 */
    char * * h_addr_list;        /* 主机地址列表 */
};
```

当发生差错时,全局变量 h_errno 中含有如下值之一:

h_errno 的值	差错原因
HOST_NOT_FOUND	不知道所指明的名字
TRY_AGAIN	暂时差错,本地服务器现在不能与授权机构联系

续表

h_errno 的值	差 错 原 因
NO_RECOVERY	发生了无法恢复的差错
NO_ADDRESS	指明的名字有效,但它无法与某个 IP 地址对应
NO_DATA	指明的名字有效,但它无法与某个 IP 地址对应

gethostid 系统调用

用法

```
hostid=gethostid();
```

说明

应用程序调用 gethostid 以获取指派给本地计算机的唯一的 32b 主机标识符。通常,主机标识符是计算机的主(primary)IP 地址。

参数

gethostid 不带任何参数。

返回码

gethostid 返回含有主机标识符的长整数。

gethostname 系统调用

用法

```
retcode=gethostname(name, namelen);
```

说明

gethostname 用文本字符串的形式返回本地计算机的主(primary)名字。

参数

参 数	类 型	含 义
name	&char	放置名字的字符数组的地址
namelen	int	名字数组的长度(至少应为 65)

返回码

若 gethostname 成功则返回 0,若发生差错则返回 −1。当发生差错时,全局变量 errno 含有如下值:

errno 的值	差 错 原 因
EFAULT	参数 name 或 namelen 不正确
EINVAL	参数 namelen 是负数,或者在 Linux/i386 上,namelen 比实际长度小

getpeername 系统调用

用法

```
retcode=getpeername(socket, remaddr, addrlen);
```

说明

应用程序使用 getpeername 获取已建立连接的套接字的远程端点地址。通常,客户调用 connect 时设置了远程端点地址,所以它知道远程地址。但是,使用 accept 获得连接的服务器,可能需要查询套接字来找出远程地址。

参数

参　数	类　型	含　　义
socket	int	由 socket 函数创建的套接字描述符
remaddr	&sockaddr	含有对端地址的 sockaddr 结构的指针
addrlen	&int	整数指针,调用前该整数含有参数 remaddr 的长度,调用后该整数含有远程端点地址的实际长度

第 5 章含有 sockaddr 结构的说明。

返回码

getpeername 如果成功则返回 0,如果发生差错则返回−1。一旦发生差错,全局变量 errno 中含有如下值之一:

errno 的值	差 错 原 因
EBADF	参数 socket 未指明合法的描述符
ENOTSOCK	参数 socket 未指明套接字描述符
ENOTCONN	套接字还未建立连接
ENOBUFS	系统没有足够的资源完成操作
EFAULT	参数 remaddr 指针无效

getprotobyname 函数调用

用法

```
retcode=getprotobyname(name);
```

说明

应用程序调用 getprotobyname,以便根据协议名找到该协议的正式整数值。

参数

参　数	类　型	含　　义
name	&char	含有协议名的字符串地址

返回码

getprotobyname 若成功则返回 protoent 类型的结构指针，若发生差错则返回 0。结构 protoent 的声明如下：

```
struct protoent {            /* 协议的描述项 */
    char *p_name;            /* 协议的正式名 */
    char **p_aliases;        /* 协议的别名列表 */
    int p_proto;             /* 正式的协议号 */
};
```

getservbyname 库调用

用法

```
retcode=getservbyname(name, proto);
```

说明

getservbyname 根据给出的服务名，从网络服务库中获取该服务的有关信息。客户和服务器都调用 getservbyname 将服务名映射为协议端口号。

参数

参　数	类　型	含　　义
name	&char	含有服务名的字符串的指针
proto	&char	含有所用协议名的字符串的指针

返回码

getservbyname 若成功则返回 servent 结构的指针，若发生差错则返回空指针(0)。servent 结构的声明如下：

```
struct servent {             /* 服务项 */
    char *s_name;            /* 正式服务名 */
    char **s_aliases;        /* 其他别名列表 */
    int a_port;              /* 该服务使用的端口 */
    char *a_proto;           /* 服务所用协议 */
};
```

getsockname 系统调用

用法

```
retcode=getsockname(socket, name, namelen);
```

说明

getsockname 获得指明套接字的本地地址。

参数

参　数	类　型	含　义
socket	int	由 socket 函数创建的套接字描述符
name	&sockaddr	含有 IP 地址和套接字协议端口号的结构的指针
namelen	&int	结构中的位置数,返回时为结构大小

返回码

getsockname 若成功则返回 0,若发生差错则返回－1。一旦发生差错,全局变量 errno 中含有如下值之一:

errno 的值	差 错 原 因
EBADF	参数 socket 未指明合法的描述符
ENOTSOCK	参数 socket 未指明套接字描述符
ENOBUFS	系统中没有足够的缓存空间可用
EFAULT	name 或 namelen 的地址不正确

getsockopt 系统调用

用法

```
retcode=getsockopt(socket, level, opt, optval, optlen);
```

说明

getsockopt 允许应用程序获得某个套接字的参数(选项)值或该套接字所使用的协议。

参数

参　数	类　型	含　义
socket	int	套接字描述符
level	int	标识某个协议族的整数
opt	int	标识某个选项的整数
optval	&char	存放返回值的缓存地址
optlen	&int	缓存大小,返回时为所发现的值的长度

适用于所有套接字的套接字级(socket-level)选项包括:

SO_DEBUG:允许/禁止排错信息的状态。

SO_REUSEADDR:允许/禁止本地地址重用。

SO_KEEPALIVE:允许/禁止连接状态保活(keep-alive)。

SO_DONTROUTE:允许/禁止忽略外发报文的选路。

SO_LINGER：如果存在数据，则延迟关闭。

SO_BROADCAST：允许/禁止传输广播报文。

SO_OOBINLINE：允许/禁止在带内接收带外数据。

SO_RCVLOWAT：在套接字层提供给应用程序使用之前，数据应具有的大小(例如，Linux 上为 1B)。

SO_RCVTIMEO：接收超时(Linux 上不可用)。

SO_PRIORITY：为所有发送的分组设置优先级。

SO_SNDBUF：设置输出缓存大小。

SO_RCVBUF：设置输入缓存大小。

SO_TYPE：套接字的类型。

SO_ERROR：获取并清除套接字的上一次差错。

返回码

getsockopt 若成功则返回 0，若发生差错则返回－1。一旦差错发生，全局变量 errno 中含有如下值之一：

errno 的值	差 错 原 因
EBADF	参数 socket 未指明合法的描述符
ENOTSOCK	参数 socket 未指明套接字描述符
ENOPROTOOPT	参数 opt 不正确
EFAULT	参数 optval 的地址或 optlen 不正确

gettimeofday 系统调用

用法

```
retcode=gettimeofday(tm, tmzone);
```

说明

gettimeofday 从系统中提取当前时间和日期，以及有关本地时区的信息。

参数

参数	类　型	含　义
tm	&struct timeval	timeval 结构的地址
tmzone	&struct timezone	timezone 结构的地址

gettimeofday 指明的结构声明如下：

```
struct timeval {                    /* 存储时间的结构 */
    long tv_sec;                    /* 自纪元日期(1/1/190)以来的秒数 */
    long tv_osec;                   /* 超过 tv_sec 的毫秒级 */
};
```

```
struct timezone {                    /* timezone 信息结构 */
    int tz_minuteswest;              /* 格林尼治以西的分钟数 */
    int tz_tz_dsttime;               /* 所用矫正的类型 */
};
```

返回码

gettimeofday 若成功则返回 0,若发生差错则返回 −1。一旦发生差错,全局变量 errno 中含有如下值:

errno 的值	差 错 原 因
EFAULT	参数 tm 或 tmzone 含有不正确的地址

listen 系统调用

用法

```
retcode=listen (socket, queuelen);
```

说明

服务器用 listen 使套接字处于被动状态(即准备接受传入请求)。在服务器处理某个请求时,协议软件应将后续收到的请求排队,listen 也设置排队的连接请求的数目。listen 只用于 TCP 套接字。

参数

参　数	类　型	含　　义
socket	int	由 socket 函数创建的套接字描述符
queuelen	int	传入连接请求的队列大小(通常最大不超过 5)

返回码

listen 若成功则返回 0,若发生差错则返回 −1。一旦出错,全局变量 errno 含有如下值之一:

errno 的值	差 错 原 因
EBADF	参数 socket 未指明合法的描述符
ENOTSOCK	参数 socket 未指明套接字描述符
EOPNOTSUPP	套接字类型不支持 listen

read 系统调用

用法

```
retcode=read (socket, buf, buflen);
```

说明

客户或服务器使用 read 从套接字获取输入。

参数

参数	类型	含义
socket	int	由 socket 函数创建的套接字描述符
buf	&char	存放输入字符的字符数组的指针
buflen	int	整数,指明 buf 数组中的字节数

返回码

read 若检测到在套接字上遇到文件结束就返回 0,若它获得输入就返回读取的字节数,若发生差错则返回−1。一旦出错,全局变量 errno 中含有如下值之一:

errno 的值	差错原因
EBADF	参数 socket 未指明合法的描述符
EFAULT	地址 buf 不合法
EIO	在读数据时发生 I/O 错误
EINTR	某个信号中断了操作
EAGAIN	指明的是非阻塞 I/O,但套接字没有数据
EINVAL	文件描述符不适于读
EISDIR	文件描述符指向一个目录

recv 系统调用

用法

```
retcode=recv (socket, buffer, length, flags);
```

说明

recv 从套接字获取下一个传入报文。

参数

参数	类型	含义
socket	int	由 socket 函数创建的套接字描述符
buffer	&char	存放报文的缓存的地址
length	int	缓存的长度
flags	int	控制位,指明是否接受带外数据和是否预览报文

返回码

recv 若成功则返回报文中的字节数，若发生差错则返回－1。一旦出错，全局变量 errno 中含有如下值之一：

errno 的值	差错原因
EBADF	参数 socket 未指明合法的描述符
ENOTSOCK	参数 socket 未指明套接字描述符
EAGAIN	套接字没有数据，但已被指明为非阻塞 I/O
EINTR	在读操作可传递数据前到达了信号
EFAULT	参数 buffer 不正确
ENOTCONN	套接字还未连接
EINVAL	传递了非法参数

recvfrom 系统调用

用法

```
retcode=recvfrom (socket, buffer, buflen, flags, from, fromlen);
```

说明

recvfrom 从套接字获取下一个传入报文，并记录发送者的地址（允许调用者发送应答）。

参数

参 数	类 型	含 义
socket	int	由 socket 函数创建的套接字描述符
buffer	&char	存放报文的缓存的地址
buflen	int	缓存的长度
flags	int	控制位，指明是否接受带外数据和是否预览报文
from	&sockaddr	存放发送方地址结构的地址
fromlen	&int	缓存的长度，返回时为发送者地址的大小

第 5 章中含有 sockaddr 结构的说明。

返回码

recvfrom 若成功便返回报文中的字节数，若发生差错则返回－1。一旦出错，全局变量 errno 中含有如下值之一：

errno 的值	差 错 原 因
EBADF	参数 socket 未指明合法的描述符
ENOTSOCK	参数 socket 未指明套接字描述符
EAGAIN	套接字没有数据，但已被指明为非阻塞 I/O
EINTR	在读操作可传递数据前到达了信号
EFAULT	参数 buffer 不正确
ENOTCONN	套接字还未连接
EINVAL	传递了非法参数

recvmsg 系统调用

用法

```
rectcode=recvmsg (socket, msg, flags);
```

说明

recvmsg 返回套接字上到达的下一个报文。它将报文放入一个结构，该结构包括首部和数据。

参数

参 数	类 型	含 义
socket	int	由 socket 函数创建的套接字描述符
msg	&struct msghdr	报文结构的指针
flags	int	控制位，指明是否接受带外数据和是否预览报文

报文用 msghdr 结构传递，其格式如下：

```
struct msghdr {
    caddr_t msg_name;           /* 可选的地址 */
    int msg_namelen;            /* 地址的大小 */
    structiovec *msg_iov;       /* 散列/紧凑数组 */
    int msg_iovlen;             /* msg_iov 中的元素 */
    caddr_t msg_accrights;      /* 发送/接收权限 */
    int msg_accrghtslen;        /* 特权字段的长度 */
};
```

返回码

recvmsg 若成功便返回报文中的字节数，若发生差错则返回－1。一旦出错，全局变量 errno 中含有如下值之一：

errno 的值	差错原因
EBADF	参数 socket 未指明合法的描述符
ENOTSOCK	参数 socket 未指明套接字描述符
EAGAIN	套接字没有数据,但已被指明为非阻塞 I/O
EINTR	在读操作可传递数据前到达了信号
EFAULT	参数 msg 不正确
ENOTCONN	套接字还未连接
EINVAL	传递了非法参数

select 系统调用

用法

```
retcode=select (numfds, refds, wrfds, exfds, time);
```

说明

select 提供异步 I/O,它允许单进程等待指明文件描述符集合中的任一描述符最先就绪。调用者也可指明等待超时的最大值。

参数

参数	类型	含义
numfds	int	集合中文件描述符的数目
refds	&fd_set	用作输入的文件描述符的地址
wrfds	&fd_set	用作输出的文件描述符的地址
exfds	&fd_set	用作异常处理的文件描述符的地址
time	&struct timeval	最大等待时间或零

涉及描述符的参数由整数组成,而整数的第 i 位与描述符 i 相对应。宏 FD_CLR 和 FD_SET 清除或设置各个位。Linux 手册中,描述 gettimeofday 的页面中有对 timeval 结构的描述。

返回码

select 若成功则返回准备就绪的文件描述符数,若时间限制已到则返回 0,若发生差错则返回-1。一旦出错,全局变量 errno 中含有如下值之一:

errno 的值	差错原因
EBADF	某个描述符集合指明了非法的描述符
EINTR	在等待超时或任何被选择的描述符准备就绪之前,到达了信号
ENOMEM	不能为内部表分配内存

send 系统调用

用法

```
retcode=send (socket, msg, msglen, flage);
```

说明

应用程序调用 send 将报文传送到另一台计算机。

参数

参　数	类　型	含　　义
socket	int	由 socket 函数创建的套接字描述符
msg	&char	报文的指针
msglen	int	报文的字节长度
flage	int	控制位,指明是否接受带外数据和是否预览报文

返回码

send 成功就返回已发送的字符数,若发生差错则返回－1。一旦出错,全局变量 errno 中含有如下值之一:

errno 的值	差 错 原 因
EBADF	参数 socket 未指明合法的描述符
ENOTSOCK	参数 socket 未指明套接字描述符
EFAULT	参数 msg 不正确
EMSGSIZE	报文对套接字而言太大了
EAGAIN	套接字没有数据,但已被指明为非阻塞 I/O
ENOBUFS	系统没有足够的资源完成操作
EINTR	有信号发生
ENOMEM	没有足够的存储器
EINVAL	传递了非法参数
EPIPE	本地端已经关闭了面向连接的套接字

sendmsg 系统调用

用法

```
retcode=sendmsg (socket, msg, flags);
```

说明

sendmsg 从 msghdr 结构中提取报文并发送。

参数

参　数	类　型	含　　义
socket	int	由 socket 函数创建的套接字描述符
msg	&struct msghdr	报文结构的指针
flags	int	控制位，指明是否接受带外数据和是否预览报文

msghdr 结构的说明见 recvmsg 的说明页。

返回码

sendmsg 若成功便返回已发送的字节数，若发生差错则返回－1。一旦出错，全局变量 errno 中含有如下值之一：

errno 的值	差 错 原 因
EBADF	参数 socket 未指明合法的描述符
ENOTSOCK	参数 socket 未指明套接字描述符
EFAULT	参数 msg 不正确
EMSGSIZE	报文对套接字而言太大了
EAGAIN	套接字没有数据，但已被指明为非阻塞 I/O
ENOBUFS	系统没有足够的资源完成操作
EINTR	有信号发生
ENOMEM	没有足够的存储器
EINVAL	传递了非法参数
EPIPE	本地端已经关闭了面向连接的套接字

sendto 系统调用

用法

```
retcode=sendto (socket, msg, msglen, flags, to, tolen);
```

说明

sendto 从一个结构中获取目的地址，然后发送报文。

参数

参　数	类　型	含　　义
socket	int	由 socket 函数创建的套接字描述符
msg	&char	报文的指针
msglen	int	报文的字节长度
flage	int	控制位，指明是否接受带外数据和是否预览报文
to	&sockaddr	地址结构的指针
tolen	&int	地址的字节长度

第 5 章中含有 sockaddr 结构的说明。

返回码

sendto 若成功就返回已发送的字节数，若发生差错则返回－1。一旦出错，全局变量 errno 中含有如下值之一：

errno 的值	差 错 原 因
EBADF	参数 socket 未指明合法的描述符
ENOTSOCK	参数 socket 未指明套接字描述符
EFAULT	参数 msg 不正确
EMSGSIZE	报文对套接字而言太大了
EAGAIN	套接字没有数据，但已被指明为非阻塞 I/O
ENOBUFS	系统没有足够的资源完成操作
EINTR	有信号发生
ENOMEM	没有足够的存储器
EINVAL	传递了非法参数
EPIPE	本地端已经关闭了面向连接的套接字

sethostid 系统调用

用法

```
(void)sethostid (hostid);
```

说明

系统管理员在系统启动时运行有特权的程序，该程序调用 sethostid 为本地计算机指派唯一的 32 位主机标识符。通常，主机标识符是计算机的主(primary)IP 地址。

参数

参 数	类 型	含 义
hostid	int	被保存的作为主机标识符的值

差错

应用程序必须有根权限，否则 sethostid 不会改变主机的标识符。

setsockopt 系统调用

用法

```
retcode=setsockopt (socket, level, opt, optval, optlen);
```

说明

setsockopt 允许应用程序改变套接字的选项或它所使用的协议。

参数

参　数	类　型	含　　义
socket	int	由 socket 函数创建的套接字描述符
level	int	标识某个协议的整数(例如,TCP)
opt	int	标识某个选项的整数
optval	&char	存放选项值的缓存地址(通常 1 代表允许选项,0 代表禁止选项)
optlen	int	optval 的长度

适用于所有套接字的套接字级(socket-level)选项包括：

SO_DEBUG：允许/禁止排错信息的状态。

SO_REUSEADDR：允许/禁止本地地址重用。

SO_KEEPALIVE：允许/禁止连接状态保活(keep-alive)。

SO_DONTROURE：允许/禁止忽略外发报文的选路。

SO_LINGER：如果存在数据,则延迟关闭。

SO_BROADCAST：允许/禁止传输广播报文。

SO_OOBINLINE：允许/禁止在带内接收带外数据。

SO_SNDBUF：设置输出缓存大小。

SO_RCVBUF：设置输入缓存大小。

SO_SNDLOWAT：指明数据在传递给运输层之前,需要放在缓存中的最大的字节数。

SO_BINDTODEVICE：将套接字与某个设备接口绑定。

SO_PRIORITY：指明从套接字发出的分组的优先级。

返回码

setsockopt 若成功就返回 0,若发生差错则返回 −1。一旦差错发生,全局变量 errno 中含有如下值之一：

errno 的值	差 错 原 因
EBADF	参数 socket 未指明合法的描述符
ENOTSOCK	参数 socket 未指明套接字描述符
ENOPROTOOPT	选项整数 opt 不正确
EFAULT	参数 optval 的地址或 optlen 不正确

shutdown 系统调用

用法

```
retcode=shutdown (socket, direction);
```

说明

shutdown 函数用于全双工的套接字(即已建立连接的 TCP 套接字),并且用于部分关闭连接。

参数

参　数	类　型	含　　义
socket	int	由 socket 函数创建的套接字描述符
direction	int	shutdown 需要的方向:0 表示终止进一步输入,1 表示终止进一步输出,2 表示终止输入和输出

返回码

shutdown 调用若操作成功则返回 0,若发生差错则返回 −1。一旦出错,全局变量 errno 中含有指出差错原因的代码。可能的差错如下:

errno 的值	差 错 原 因
EBADF	参数 socket 未指明合法的描述符
ENOTSOCK	参数 socket 未指明套接字描述符
ENOTCONN	套接字还未连接

socket 系统调用

用法

```
retcode=socket(family, type, protocol);
```

说明

socket 函数创建用于网络通信的套接字,并返回该套接字的整数描述符。

参数

参　数	类　型	含　　义
family	int	协议或地址族(对于 TCP/IP 为 PF_INET)
type	int	服务的类型(对于 TCP 为 SOCK_STREAM,对于 UDP 为 SOCK_DGRAM)
protocol	int	使用的协议号,或用 0 表示给定族和类型的默认协议号

返回码

socket 调用若成功返回描述符,或者返回 −1 表示发生了差错。一旦出错,全局变量 errno 中含有指出差错原因的代码。可能的差错如下:

errno 的值	差 错 原 因
EPROTONOSUPPORT	多数错误：申请的服务或指明协议无效
EMFILE	应用程序的描述符表已满
ENFILE	内部的系统文件表已满
EACCES	拒绝创建套接字
ENOBUFS	系统没有可用的缓存空间
ENOMEM	系统没有可用的存储器
EINVAL	未知或不可用的协议或协议族

write 系统调用

用法

```
retcode=write(socket, buf, buflen);
```

说明

write 允许应用程序传递数据给远程的计算机。

参数

参　数	类　型	含　　义
socket	int	由 socket 函数创建的套接字描述符
buf	&char	含有数据的缓存的地址
buflen	int	buf 中的字节数

返回码

write 若成功则返回所传送的字节数，若发生差错则返回－1。一旦出错，全局变量 errno 中含有如下值之一：

errno 的值	差 错 原 因
EBADF	参数 socket 未指明合法的描述符
EPIPE	试图向未连接的套接字上写
EFAULT	buf 中的地址不合法
EINVAL	套接字指针无效
EIO	发生了 I/O 错误
EAGAIN	套接字不能无阻塞地接收写入的所有数据，但已指明了非阻塞 I/O
EINTR	在数据写入之前，调用被某个信号中断
ENOSPC	含有文件的设备没有存放数据的空间了

参考文献

[1] 尹圣雨. TCP/IP网络编程[M]. 金国哲,译. 北京: 人民邮电出版社,2014.

[2] 杨延双,张建标,王全民. TCP/IP协议分析及应用[M]. 北京: 机械工业出版社,2012.

[3] STEVENS N R. TCP/IP详解 卷3: TCP事务协议、HTTP、NNTP和UNIX域协议[M]. 胡谷雨,吴礼发,等译. 北京: 机械工业出版社,2011.

[4] COMER D E,STEVENS D L. 用TCP/IP进行网际互联第三卷: 客户-服务器编程与应用(Linux/POSIX套接字版)[M]. 赵刚,林瑶,蒋慧,等译. 北京: 电子工业出版社,2001.

[5] SNADER J C. 高级TCP/IP编程[M]. 刘江林,译. 北京: 中国电力出版社,2001.

[6] PARKER T,SPORTACK M. TCP/IP技术大全[M]. 前导工作室,译. 北京: 机械工业出版社,2000.

图书资源支持

感谢您一直以来对清华版图书的支持和爱护。为了配合本书的使用，本书提供配套的资源，有需求的读者请扫描下方的“书圈”微信公众号二维码，在图书专区下载，也可以拨打电话或发送电子邮件咨询。

如果您在使用本书的过程中遇到了什么问题，或者有相关图书出版计划，也请您发邮件告诉我们，以便我们更好地为您服务。

我们的联系方式：

地　　址：北京市海淀区双清路学研大厦 A 座 701

邮　　编：100084

电　　话：010－62770175－4608

资源下载：http://www.tup.com.cn

客服邮箱：tupjsj@vip.163.com

QQ：2301891038（请写明您的单位和姓名）

资源下载、样书申请

书圈

扫一扫，获取最新目录

用微信扫一扫右边的二维码，即可关注清华大学出版社公众号“书圈”。